长江水运发展协调领导小组

第二次会议文件汇编

◎ 中华人民共和国交通运输部

人民交通出版社

图书在版编目（CIP）数据

长江水运发展协调领导小组第二次会议文件汇编 / 中华人民共和国交通运输部编. —北京：人民交通出版社，2009.8

ISBN 978-7-114-07988-7

Ⅰ.长… Ⅱ.中… Ⅲ.长江 - 水路运输 - 经济发展 - 文件 - 汇编 Ⅳ.F552.75

中国版本图书馆CIP数据核字（2009）第161072号

书　　名：长江水运发展协调领导小组第二次会议文件汇编
著 作 者：中华人民共和国交通运输部
责任编辑：钱悦良
出版发行：人民交通出版社
地　　址：(100011) 北京市朝阳区安定门外外馆斜街3号
网　　址：http://www.chinasybook.com
销售电话：(010) 64981400，59757915
总 经 销：北京中交盛世书刊有限公司
经　　销：人民交通出版社交实书店
印　　刷：中国电影出版社印刷厂
开　　本：880 × 1230　1/16
印　　张：7.75
字　　数：140千
版　　次：2009年11月　第1版
印　　次：2009年11月　第1次印刷
书　　号：ISBN 978-7-114-07988-7
印　　数：0001—2000册
定　　价：50.00元

目　录

Mulu

合力加快长江黄金水道建设
为保持沿江经济平稳较快发展做好服务

——交通运输部部长李盛霖在长江水运发展协调领导小组第二次会议上的发言

（2009 年 6 月 25 日）

同志们：

长江水运发展协调领导小组第二次会议，在与会同志的共同努力下开得很成功。这次会议回顾总结了 2006 年 11 月南京会议以来长江黄金水道建设和发展情况；沿江七省二市的领导同志对进一步加快长江水运发展提出了很多好的意见和建议；全国政协和国家发展改革委、财政部、水利部等国务院有关部门，以及三建委办公室、中国进出口银行和中咨公司的领导同志在百忙中参加会议，并发表了指导性很强的意见；等一会儿还要进行签字仪式。可以说，这次会议时间短，效率高，收效好，大家进一步凝聚了共识，明确了重点，对继续推动长江黄金水道建设和发展具有重要作用。

党中央、国务院对长江黄金水道建设与发展高度重视，中央领导同志多次作出重要批示。家宝总理在 2007 年、2009 年分别作出“长江航道建设要加强”、“充分发挥长江黄金水道的优势，带动两岸经济社会发展”等重要批示；克强副总理作出“开发长江水运潜力，带动区域发展”的重要批示；德江副总理也多次作出重要批示和指示。中央领导同志的批示和指示，为加强黄金水道建设、开发长江水运潜力进一步指明了方向，对今后的工作提出了明确要求，我们一定要认真贯彻落实。

下面，我结合大家的发言，就落实中央领导同志批示精神，进一步加快长江黄金水道发展，谈三点意见，供参考。

一、进一步凝聚加快长江黄金水道建设的共识

领导小组第一次会议以来，在国家有关部门的大力支持下，我部与沿江各省市一起，按照中央的部署和要求，充分发挥协调机制的作用，加强交流合作，加强重大问题的沟通协调，研究出台了一系列重大的政策措施，为进一步加快长江水运发展，做了大量卓有成效的工作。为开好本次会议，部省市深入调查研究，召开专题会议，进一步明确了加快长

江水运发展的思路和有关政策措施。

今天，大家围绕学习贯彻中央领导同志重要批示精神，总结和分析了长江黄金水道发展的情况、面临的机遇和挑战，进一步增强了加快长江黄金水道建设、促进沿江经济平稳较快发展的共识。这些共识是：

第一，加快长江黄金水道建设是落实“保增长、扩内需、调结构”指导方针的客观要求。

当前，国际金融危机对我国实体经济的影响仍在继续。为积极应对危机，国家出台了进一步扩大内需、促进经济平稳较快发展的一揽子计划，扩大包括交通运输在内的基础设施建设，相继出台了十大产业调整和振兴规划，明确提出加快钢铁、石化、造船、物流等产业发展，并把长江和京杭运河规划为我国十大物流通道之一。

港航设施是重要的交通基础设施。加快长江黄金水道建设，提高长江水运的服务能力，有利于降低沿江企业物流成本，提高企业竞争力；有利于扩大内需，带动钢铁、石化、造船等相关产业发展；有利于改善航运企业生产经营状况，加快摆脱目前的困境。加快长江黄金水道建设，是落实“保增长、扩内需、调结构”方针的客观要求。

第二，加快长江黄金水道建设是贯彻落实科学发展观的必然选择。

随着经济社会的发展，土地、资源、环境等要素对交通运输发展的制约日益显现，发达国家对内河水运作用和优势的认识又有了新的提高。美国近期明确把加快航道建设纳入经济振兴计划之中，德国也投入大量资金用于新一轮的内河水运发展。内河水运作为一种可持续的交通运输方式，正越来越受到各国政府的重视。

当前，我国经济社会发展受土地资源、能源、生态环境保护的压力越来越大。在这种情况下，交通运输必须坚持走科技含量高、经济效益好、资源消耗低、环境污染少的可持续发展道路。长江水运具有运能大、污染小、效能高、占地少等比较优势，在综合运输体系中属于资源节约、环境友好的运输方式。开发长江水运潜力，加快长江黄金水道建设，发挥长江黄金水道优势，是贯彻落实科学发展观，建设资源节约型、环境友好型社会的必然选择。

第三，加快长江黄金水道建设是推进区域协调发展的重大举措。

长江经济带是继沿海经济带发展后，我国经济加快发展的主轴，也是我国对外开放和外向型经济发展的重要地区。在我国现代化建设的总体战略布局中，上游有西部大开发战略，中游有中部崛起战略，下游有东部率先发展战略。近期国家又出台了推进上海国际航运中心建设的政策，批准了重庆、成都统筹城乡综合配套改革试验区，武汉“1+8”城市圈和湖南“长株潭”城市圈两型社会综合配套改革试验区。加快区域发展战略的实施，统筹东、中、西部三大区域协调发展，需要加强各地区之间经济、产业和交通运输的内

在联系，实现不同区域之间资源、技术、资金、人才、管理等要素的有效互动和优势互补，沿江省市也都把加快长江水运发展作为区域发展战略的重要抓手、产业布局的重要依托，并取得了明显成效。实践证明，加快黄金水道建设对于加快区域发展战略的实施具有重要的战略意义。

第四，加快长江黄金水道建设是构建现代综合运输体系的重要内容。

发展综合运输体系是新时期交通运输发展的战略方向，是我国实现经济社会全面协调可持续发展的重要支撑。长江水运作为流域综合运输体系的重要组成部分，完成了沿江地区85%的煤炭和铁矿石运输任务，2007年沿江七省二市全社会水运货物周转量占全社会货物周转量的70%。2008年长江干线货运量达到12亿吨，是密西西比河货运量的2倍，是莱茵河货运量的3倍。发展长江水运，用现代科学技术、管理技术改造和提升港口、航道、渡口等基础设施以及运输装备的现代化水平，可以优化运输组织结构，实现多种运输方式有机衔接，提高组合效率，降低综合运输和物流成本，拓展服务领域，提高综合服务水平。加快长江黄金水道建设是构建流域现代综合运输体系的重要内容。

在充分肯定长江黄金水道发展取得成绩的同时，大家充分看到依然存在的一些突出问题。主要是，长江干线航道尚未得到系统治理；中西部地区水运基础设施还比较薄弱；部分支流航道等级偏低；运力和运输组织结构不尽合理；黄金水道的优势还没有得到充分发挥。大家一致表示，要坚持以科学发展观为统领，立足当前、着眼长远，加快以长江干线为重点的航道建设，形成干支直达、江海联运的高等级航道网，整合港口资源，实现集约化、规模化发展，优化运输组织结构，不断提高长江水运服务流域经济社会发展的能力和水平。

二、进一步明确加快长江黄金水道建设的重点任务

今明两年是完成《"十一五"期长江黄金水道建设总体推进方案》的关键时期。今天，沿江七省二市在会上都提出了近期的工作重点，也提出了一些需要国家支持的建议。结合今后一个时期长江黄金水道建设的实际，可以归纳为以下六个方面。

（一）推进航道建设

推进长江干线航道建设，主要是结合水利河势控制工程，实施一批航道整治及控导工程，扩大航道通过能力，改善通航条件。同时，合力加强重要支流航道建设，积极促进干支联动发展。

一是下游航道建设。重点组织实施好长江口深水航道治理三期工程，加快安徽黑沙州、土桥等河段整治工程的建设进度，尽早发挥工程效益；抓紧江西马当等河段工程开工建设；加快推进福姜沙、通洲沙、白茆沙"三沙"治理等项目前期工作。

对于12.5米深水航道上延至南京的问题，各方面都很关注，我部全力支持加快推进12.5米深水航道上延的有关工作。经过艰苦努力，目前长江口三期工程已达到-11.47米，整个工程预计可以按期完成。对影响上延的长江口南北港分汊口河段工程已开工建设，向太仓港区延伸的前期工作也在抓紧进行。12.5米深水航道上延工程涉及面较广，需要交通、水利等部门和中央与地方政府通力合作。近期，我部就12.5米深水航道上延至南京的问题向国家发展改革委报送了意见，一是赞同将上延工程纳入国家重大基础设施建设计划；二是从目前河道自然条件和已有研究成果看，上延工程具备技术可能性；三是建议建立由综合部门牵头、相关部门和省市参加的协调推进机制，按照整体考虑、自下而上、分段逐步推进的思路，加快推进前期工作，条件具备时尽早启动项目建设。

二是中游航道建设。荆江河段九曲回肠，浅滩众多，航槽变化复杂，是长江中游航道治理的难点，也是整个长江水运的瓶颈，制约了长江黄金水道整体优势的发挥。中央领导重视，相关省市十分关注，湖北、湖南、重庆、四川等省市都提出要加快中游航道治理。中央各有关部门一直非常重视中游航道的治理和研究，特别是"十一五"期间进一步加大了中游航道治理力度，对罗湖州、武穴等重点碍航浅滩实施了控导工程，效果初步显现。下一步将加快沙市、窑监等浅滩治理，枝江~江口等航道治理工程也将尽快开工建设。

与此同时，要进一步加强对大埠街至城陵矶河段系统治理的研究工作，重点是加快藕池口、武桥等河段整治工程的前期工作研究，做好项目储备，为中游河段系统治理工作奠定坚实基础。要进一步加强三峡清水下泄对中游航道的影响研究，抓住有利时机，加快中游河段系统治理步伐，逐步解决中游不畅的问题。

加快三峡船闸通航检测维修设施、三峡河段通航指挥系统等三峡坝区航运配套设施建设。加强通航管理和船闸运行维护，确保三峡通航安全畅通有序。继续推进三峡翻坝公路建设，用好管好建设资金，加强工程质量和安全管理，尽快建成投入使用。建议加快三峡升船机建设进程，我部将积极配合做好有关工作。

三是上游航道建设。加快四川宜宾到云南水富1000吨级航道建设工程前期工作。对于提高重庆到水富的航道规划标准问题，《长江干线航道总体规划纲要》已经明确，根据上游地区经济社会发展要求和该区段水电梯级建设的情况，可以提高到一级标准。所以，在长江上建枢纽，特别是通航建筑物的建设一定要着眼长远，充分考虑长江航运未来发展的需要。

我部将继续支持干支联动工程建设，合力推进大芦线、苏申外港线、京杭运河扩能改造，芜申运河、赣江、汉江、引江济汉通航工程、乌江、岷江、金沙江等支流航道建设。加快推进嘉陵江、湘江、赣江、汉江梯级建设。嘉陵江梯级利泽枢纽建设问题，建议四川省、重庆市做好沟通协商工作。

（二）推进港口建设

按照国家战略部署，加快推进上海国际航运中心建设，积极推进重庆长江上游航运中心建设，优化现代航运集疏运体系，发展现代航运服务体系，完善现代航运发展配套政策。推进南通、苏州、镇江、南京、马鞍山、芜湖、安庆、九江、黄石、武汉、岳阳、荆州、宜昌、泸州、水富等港口建设，重点是加快专业化、规模化码头建设，完善港口集疏运网络，加强老港区技术改造，实现港口结构升级，促进港航协调发展，提升港口服务能力和水平。逐步完善集装箱运输体系，铁矿石江海转运体系，煤炭专业化运输体系，汽车滚装运输体系和石油及液体化工品江海运输体系。积极支持和推进长江沿江港口与上海国际航运中心洋山深水港之间的江海直达运输。

长江中上游港口由于历史欠账较多，港口基础设施比较落后，自我发展能力较弱，社会融资比较困难，我部将按照“两个倾斜”的原则，继续给予适当的资金支持。

（三）推进船型标准化

推进船型标准化，促进运力结构调整是长江黄金水道建设的一项重要工作。在当前的形势下，加快推进这项工作，对落实船舶工业调整和振兴规划，调整运力结构，促进节能减排，减少环境污染，具有重大的现实意义。

在具体实施步骤上，对于川江及三峡库区的船舶，要按照“关后门、开前门、调存量”的方式推进船型标准化工作。禁止新建非标准船进入三峡库区，禁止小吨位船舶通过三峡船闸，按照“政府主导、企业参与”的方式加快标准船型的研发。对于长江中下游非限制性航段，采用引导的方式推广标准船型。依托骨干航运企业，开发主流船型的技术方案，通过其示范作用，引导市场船型逐步向标准化方向发展。通过技术手段，研究提高中下游船舶的技术规范，促进环保、安全性能等指标的提升。

关于船型标准化资金问题。财政部已安排了 10 亿元的船型标准化中央引导资金，并会同我部正在研究具体的使用办法，各省市政府也已同意按照 1:1的比例配套安排引导资金。今年中央将安排 1.5 亿元启动这项工作。船型标准化中央引导资金主要用于三个方面：一是用于鼓励通过三峡船闸的小吨位船舶提前退出航运市场的补贴；二是用于鼓励长江干线老旧船舶提前退出市场的补贴；三是用于三峡库区现有客船、液货危险品船改造或拆解的补贴。计划用 5 年左右时间推进这项工作，届时，川江及三峡库区船型标准化率将达到 75% 以上，三峡船闸通过能力提高 10% 以上，库区实现船舶生活污水 100% 达标排放，长江干线货运船舶的平均吨位达到 1000 载重吨以上，船舶安全技术性能明显提高。

（四）推进物流发展

依托长江大通道的优势，推进物流发展。加强长江沿线物流节点和港口物流园区、

港口保税区的规划，促进港口与物流基础设施建设的衔接与协调，充分发挥长江作为沿江物流供应链主要环节的作用。为此，一是加强与海关、检验检疫等口岸部门的沟通协调，提高口岸综合服务效率。二是推动传统港航企业升级改造，横向拓展、上下延伸服务链，引导有条件的企业由单一运输承运人向现代物流经营人转变。三是积极支持长江干线内河集装箱运输，发展集装箱运输市场。四是以需求为导向，整合现有信息资源，统一数据交换和传输标准，推进长江航运信息的共建共享和业务应用系统的互联互通。五是研究制定扶持港口物流业发展的政策措施，着力培育物流市场，依托长江黄金水道优势推进沿江产业结构调整。

（五）加强安全管理

今后一个时期，是长江黄金水道发展的重要时期，加强安全管理显得更为重要。要坚持以人为本，把握长江水运安全发展规律和安全监管规律，不断提升长江水运安全发展水平。

要针对长江水运特点，不断强化安全监管。今年是“安全生产年”，要切实落实企业的安全生产主体责任和政府的安全监管责任，抓好重点水域、重点船舶、重点时段和特殊天气状况下的安全监管。继续进行渡口渡船安全专项整治工作，防止恶性责任事故的发生。推进安全监控系统建设，将船舶自动识别系统基站建设自江苏向上游延伸；在重点水域继续推进船舶交通管理系统和电视监控系统建设。

要进一步加强三峡库区航运安全监管，重点加强客船、渡船、川江载货汽车滚装船和危险品船的监督管理，防止发生群死群伤和危险品运输泄漏事故。加强库区地质灾害对航运安全影响的评估、预警预防和应急处置工作，确保库区航运安全。

要进一步改善长江通航环境。前不久，交通运输部与水利部签署了“加强长江河道采砂管理合作备忘录”，长江沿线各单位要通力合作，打击非法采砂，优化通航环境。长江江苏段实施船舶分道通航制以后，安全效果很好，应继续在长江安徽段和三峡库区推进分道通航制。

建立长江快速高效的应急反应体系，完善应急预案、应急保障、应急管理机制，规范应急响应程序，不断提高事故预防预控、应急救助和应对突发公共事件的能力。总之，发展长江水运，安全工作一刻也不能松懈，任何时候、任何情况都不能有麻痹思想和侥幸心理，切实做到科学发展、安全发展。

（六）加大资金投入

内河水运设施建设资金不足是制约我国内河水运发展的一个重要因素。国务院对此一直高度重视，国家发展改革委、财政部等相关部门也给予大力支持，积极研究提出相应的政策意见，通过调整投资结构，逐步加大了内河水运建设专项资金投入。今年，国家

发展改革委、财政部积极落实中央扩大内需加快交通等基础设施建设的部署，又专门增加了10亿元预算内资金，重点用于长江干线中下游航道工程建设。

按照《“十一五”期长江黄金水道建设总体推进方案》，“十一五”期中央安排长江黄金水道建设投资计划为150亿元，为“十五”期的近3倍。“十一五”前4年，用于支持沿江七省二市水运基础设施建设的投资和长江口深水航道建设、长江干线航道及支持保障系统建设的投资为167.2亿，加上今年扩大内需和推进船型标准化增加的11.5亿元，共计完成中央投资179亿元，为“十一五”五年投资计划的1.2倍，已经超过了“十一五”中央计划投资的目标。预计明年的投资规模比“十一五”前4年的平均水平要高。在中央投资增加的同时，沿江七省二市这些年来对长江水运建设投资也明显增加。

但应该看到，虽然这些年增加了对长江水运建设的投资，但目前仍存在较大的缺口，需要我们继续共同努力，在稳定现有资金渠道和资金规模的基础上，发挥各自的优势，增加水运建设资金投入，加快长江水运发展，力争明年黄金水道建设投入比“十一五”期前4年有新的增长，力争“十二五”期比“十一五”期有新的增长。

三、继续加快长江黄金水道建设的建议

总结近年来长江黄金水道建设和发展的实践，结合这次会议达成的共识，就进一步加快长江黄金水道建设提出如下几点建议：

（一）加强协调领导，抓好工作落实

加快长江黄金水道建设是一项系统工程，涉及面广、协调量大，需要加强组织领导。我部一定把加快长江黄金水道建设作为深入学习实践科学发展观的重要内容，进一步加强与七省二市和有关部门的沟通协调；根据这次会议确定的重点任务和即将签署的《关于合力推进长江黄金水道建设的若干意见》、《推进长江干线船型标准化实施方案》要求，积极推进，努力做好各项工作。建议各省市把加快长江黄金水道建设摆在更加突出的位置，分解会议确定的各项任务，统筹协调，明确责任，精心组织，狠抓落实。

（二）加强前期工作，加大项目储备

根据长江流域经济社会发展的新形势和新要求，我部会同国家发展改革委、财政部、水利部编制了《长江干线航道总体规划纲要》已经国务院批准同意。下一步，我部将积极组织有关部门，继续做好长江流域综合利用规划中的航运规划修编工作，并做好规划的监督实施；在研究和推进综合运输体系发展时，充分发挥好长江水运在综合运输体系中的作用。建议各省市结合本地经济社会发展需要，进一步完善港口布局规划、航道建设规划和物流发展规划，加强相关规划之间的衔接和协调。要加大前期工作经费投入，加快项目前期工作进度，提高前期工作质量，加大项目储备，为编制“十二五”长江水运发展

规划做好充分准备。

(三)加大政策扶持,营造良好环境

国家发展改革委、财政部等有关部门十分支持黄金水道建设,我部也将继续争取政策,加大对长江干线的投资力度,支持主要支流水运建设,推进运力结构调整。建议各省市政府在现有资金投入规模的基础上,进一步加大资金筹措力度,多渠道争取资金用于水运基础设施建设和老旧船舶淘汰。对航道、港口及港口物流园区建设用地给予积极支持,合理确定征地补偿标准。加快土地、环保、防洪等审批,加快工程征地、拆迁进度,规范工程建设监管行为,营造良好的长江水运工程建设环境。要进一步加强长江水运宣传工作,争取社会各界和新闻媒体继续给予关心和支持,为长江黄金水道发展创造良好的舆论环境。

(四)加强法制工作,保护水运资源

航道、港口岸线是不可再生的重要资源,应切实加强保护,科学合理开发利用。我部正积极配合国务院有关部门,抓紧开展《国内水路运输条例》修订工作,加快推进《航道法》立法进程。建议各省市结合本地区实际,加快促进港口、航道、航运等发展的地方性法规和政府规章的立法和修订工作,加强不同层次法律法规间的衔接、配套和有效互补,为水运发展提供法律保障。要加强对影响通航和安全的采砂活动的管理,加强航道及通航设施保护,确保航运安全。要严格执行国家有关标准,切实加强跨河、拦河、临河建筑物的通航论证工作,实施全过程监管,确保为水运发展留有空间。

(五)完善协调机制,加大合作力度

长江黄金水道发展协调机制建立两年来,在研究出台发展政策、协调解决重大问题、促进区域合作与协调发展等方面发挥了重要作用,长江水运进入了历史上最好的发展时期。今后,我们要继续发挥好协调机制的作用,加强合作,加快发展。建议各省市进一步加强水运发展研究,根据实际需要建立和完善省际间和本地区水运发展协调机制和工作机制,加强沟通协调,促进信息共享、人才交流,发挥各方面优势,集中力量解决重点难点问题,为黄金水道建设创造更加良好的发展条件。

同志们,长江黄金水道建设是一项关系全局的长期而艰巨的任务,需要中央部门和地方政府的相互支持和共同努力。我们要在以胡锦涛同志为总书记的党中央领导下,深入贯彻落实科学发展观,抓住机遇,合力推进长江黄金水道建设,为沿江经济平稳较快发展做好服务。相信通过我们的共同努力,一定能够推动长江黄金水道建设与发展再上新台阶!

谢谢大家!

长江水运发展协调领导小组第一次会议以来的工作总结

——交通运输部副部长徐祖远在长江水运发展协调领导小组第二次会议上的发言

（2009年6月25日）

各位领导，同志们：

上午好！

这次会议的主要任务是：深入贯彻落实科学发展观，认真落实党中央、国务院“保增长、扩内需、调结构”的指导方针，回顾两年多来长江黄金水道建设和发展的情况，交流经验，分析当前形势和任务，研究解决黄金水道建设和发展中的突出问题，出台合力推进长江黄金水道建设的若干意见。

下面，我就第一次会议以来，加快推进长江黄金水道建设与发展的工作情况，做一个回顾和总结。

一、主要成效

党中央、国务院高度重视长江黄金水道的建设与发展，明确提出把推进黄金水道建设与发展作为我国经济社会发展的重要举措。全国人大、全国政协也十分关心黄金水道的发展，每年“两会”期间都有大量提案，为黄金水道发展建言献策。国务院有关部门积极支持，社会各界十分关注。部省市充分发挥协调机制作用，加强组织领导，凝聚发展合力，加大投入力度。近年来，长江水运服务沿江经济社会发展的能力和水平不断提高。主要体现在以下几个方面：

（一）运输效率显著提高

长江干线货运船舶平均吨位由2006年的643吨提高到2008年的800吨，水系从事省际运输船舶平均吨位由408吨提高到451吨，三峡库区船舶平均吨位由974吨提高到1160吨，库区船舶平均单位能耗由2002年的7.6千克/千吨·公里下降到2008年的3.1千克/千吨·公里，1马力拖带能力由成库前的1.5吨提高到目前的4~5吨。船舶运输效率的提高，也促进了航行安全水平的提升。

(二)货物运量大幅增加

2008 年,长江干线货运量突破 12 亿吨,较 2006 年年均增长 10.1%;规模以上港口货物、外贸货物、集装箱吞吐量分别为 10.15 亿吨、1.18 亿吨、696 万 TEU,与 2006 年相比,年均递增分别为 14.1%、12%、35.3%。

(三)服务能力明显增强

港口吞吐能力增长较快,2007、2008 两年新增港口吞吐能力超过 1.2 亿吨;长江干线实现全线夜航;提高了 5 万吨级海船直达南京、5000 吨级海船到达武汉、3000 吨级海船到达湖南城陵矶的通航期,万吨级船队可直达重庆主城港区,1000 吨级船舶可达宜宾;安全监管、治安防控、应急体系建设取得明显成效。在抗震救灾、抗击雨雪冰冻灾害和奥运安保工作中,长江干线航运保持安全畅通,开辟救灾物资运输"绿色通道",保障了煤炭、油品等重点物资、人民生活必需品和旅客安全优质运输。

(四)促进了产业向沿江聚集

长江干线水运完成了沿江地区近 85% 的煤炭和铁矿石运输任务。长江沿岸聚集了全国 500 强企业的近 200 家。沿江省市钢铁、化工品和汽车产量分别占全国的 33%、46% 和 40%。临港工业区和港口物流园区加快发展,产业沿江集聚程度明显增强。

(五)加快了外向型经济发展

依托长江黄金水道通江达海的优势,沿江省市大力发展外向型经济,对外开放水平逐年提高,外贸进出口额由 2006 年的 5718 亿美元提高到 2008 年的 8229 亿美元,年均递增 20%,其中,安徽、江西、湖北、湖南四省年均递增 34%,重庆、四川、云南三省市年均递增 35%,长江黄金水道正成为沿江省市外向型经济发展的大通道。

(六)推动了流域经济社会全面协调可持续发展

长江黄金水道是横跨东中西部地区的运输大通道,具有占地少、能耗低、运能大、污染小等比较优势,有利于实现区域协调发展,对流域经济社会发展作出了重要贡献。初步测算,2007 年长江水运对沿江省市 GDP 的直接贡献为 772 亿元,间接贡献为 1.1 万亿元,间接带动社会总就业人数近千万人。

二、主要经验做法

在中央的正确领导下,部省市高度重视,出台一系列扶持水运发展的政策措施,取得了明显的成效。有些做法是地方水运发展史上的重大创新,在长江水运发展史上也具有里程碑的意义,值得我们相互学习和借鉴。主要体现在以下几个方面:

(一)领导重视,社会支持,凝聚建设黄金水道的强大合力

2007 年,长江流域 13 个省市政府参事对长江黄金水道进行了近一年的调研,向国务

院领导提交了《关于突破区域开发建设瓶颈，进一步发挥长江黄金水道作用》的报告。去年，全国政协组织部分政协委员和国家有关部门联合赴苏、浙、沪、皖四省市调研水运发展情况，提出了很多很好的建议，得到中央领导的高度重视。

沿江省市领导深入调研、加强指导。通过召开专题会议、进行现场调研等方式，及时了解水运发展的实际情况，及时发现水运发展中的困难、问题，及时给予指导和支持。安徽省领导多次召开推进芜申运河和合裕线航道建设专题会议，亲赴颍上船闸等重点工程建设一线指导检查；湖北省委、省政府领导亲临武汉新港调研指导新港规划和建设工作；江西省领导就九江港建设问题召开专题会议，明确要进一步加快港口建设；四川省领导亲临宜宾等港口调研，提出打造长江上游港口群，建设西部经济高地；湖南省领导亲自带队与国家有关部门沟通、协调。

沿江各省市注重建立和完善内部协调机制。一些省市为解决水运发展中的问题，专门成立水运发展协调领导小组，协调解决本地区水运建设与发展中的问题，营造良好的水运发展环境。如重庆市、江苏省均成立了由分管交通的省市领导担任组长的水运发展协调领导小组，江苏省还建立了几个地市级的协调领导机制。安徽省建立了由分管交通的省领导负责的水运发展联系会议制度，研究制订水运发展政策，协调解决水运发展中的重大问题。江西省成立了由省领导为组长的江西省九江港口建设协调领导小组，湖北省成立了由省市主要领导和长江委、长航局、长航集团等单位领导组成的武汉新港规划建设筹备领导小组，统筹协调港口规划与产业布局、经济发展规划的衔接与协调，重点解决项目建设中的突出问题，加快项目建设步伐。云南省成立了由省长担任组长的金沙江航运开发建设领导小组，研究金沙江航运发展问题。

（二）完善规划，加强协作，推动区域协调发展

沿江省市不断完善水运发展规划，完成了沿江港口总体布局规划、岸线利用规划等，将长江水运优势和地方经济发展有机结合起来，将水运发展纳入地方经济发展规划中，引导水运、经济、产业的良性互动；积极争取产业、口岸、海关等优惠政策，做到港口、物流、快速通关、保税等优惠政策的有机融合，形成产业集聚、政策优惠的经济发展区域。

上海市把国际航运中心建设作为率先实现产业结构优化和升级，率先实现经济发展方式转变的突破口。湖北省把武汉新港建设作为实施中部崛起战略和推进武汉城市圈“两型社会”试验区建设的重要举措、重要抓手、重要突破口，努力把武汉新港建设成集先进技术为一体的现代港，中西部地区走向海外的国际港，水水、水陆中转的枢纽港，港口与产业相互促进的先导区。湖南省充分发挥湘江水运优势，全面推进长株潭经济圈“两型社会”试验区建设。四川省充分发挥长江、嘉陵江、岷江等水运优势，努力打造西部经济高地。重庆市发挥水运优势，推动长江上游航运中心建设和重庆保税港区的建设。

各省市十分重视区域合作。2008 年，沿江 29 个中心城市市长联合签署了《关于加快黄金水道开发，进一步促进产业合作的多边协议》。上海港与长江主要港口加强合作，以资产为纽带，加快集装箱码头建设，增强了上海国际航运中心的辐射能力。四川、重庆签订了两省市交通合作框架协议，切实推进川渝经济圈建设。上海、重庆、四川三省市签订了《沪渝川内支线运输合作备忘录》、《成都至上海集装箱“五定”班列合作协议》等。今年 5 月，重庆市与湖北省签署了《关于推进渝鄂航运业交流与合作备忘录》。上海、湖北两省市交通运输主管部门签订了关于加强沪鄂航运业交流与合作的框架协议。安徽、湖北两省交通运输主管部门会前刚刚签订了《皖鄂两省港航海事工作交流与合作协议》。

（三）统筹兼顾，突出重点，加快水运重大项目建设

高等级航道建设力度加大。京杭运河扩能改造全面启动，安徽阜阳船闸改建、沙颍河航道整治等工程相继开工建设；上海大芦线一期、赵家沟和安徽芜申运河等航道整治项目扎实推进，湖北汉江上、下游航道整治、浙江杭甬运河建设、西南水运出海中线通道贵州段航运扩建等工程进展顺利；苏南运河常州市区段改线、江西赣江樟树至南昌三级航道整治、江苏皂河三线船闸、安徽沙颍河颍上船闸、耿楼船闸等一批航道整治和船闸改扩建工程相继完成；湖北引江济汉通航工程、山东梁济运河等项目前期工作抓紧推进。大规模的航道建设，使通航条件逐步改善，通过能力不断提高。

航电枢纽工程建设进展顺利。江西赣江石虎塘航电枢纽工程开工建设；湖北汉江崔家营、重庆嘉陵江草街和四川嘉陵江小龙门、沙溪、凤仪场、苍溪等航电枢纽工程进展顺利；四川嘉陵江新政、青居、金溪等航电枢纽工程相继建成；湖南湘江株洲航电枢纽工程通过竣工验收；湖南湘江长沙综合枢纽工程前期工作加快推进，预计年内开工。航电枢纽的建设，从根本上改善了航道条件，实现了水资源综合利用效益最大化，走出了一条内河航运可持续发展之路。

主要港口建设步伐加快。湖北武汉阳逻港区集装箱二期 4 个 5000 吨级泊位、江西九江城西集装箱港区 2 个 5000 吨级泊位等工程开工建设，四川宜宾和泸州港、云南水富港、重庆港、南京港、洋山港区集装箱码头三期工程等也在加快建设。港口资源整合和结构调整力度不断加大，专业化水平不断提高，吞吐能力明显扩大，服务能力显著增强。

在国家发展改革委、国务院三峡办和相关省市的共同努力下，三峡船闸完建期间通航保障有力，组织翻坝转运，实施应急联动，确保了船闸单线运行期的重点物资运输和船闸完建工程按期完成。三峡翻坝公路、三峡升船机相继开工建设。三峡通航配套设施及待泊锚地建设完成并投入运营，满足了三峡蓄水需要，加强船闸运营管理，保障了船舶过闸的安全、高效、畅通。

(四)政府支持,市场引导,不断提升水运生产力水平

制订相应的船舶发展规划及编制船舶系列标准,进一步细化标准船型参数,为船舶企业提供了实用、可操作的技术规范。江西省发布了《江西省内河船舶发展规划》,并制订了长江－赣江普通货船、化学品船、集装箱船、油品船等船型主尺度系列标准;重庆市正在加快制定《重庆市船舶标准化实施方案》。

通过政府资金引导,加快推进船型标准化,船舶的安全性、环保性提升,航道通过能力也明显提高。重庆市累计投入客渡船标准化改造资金约 1.3 亿元,共完成标准化客渡船改造 908 艘,淘汰老旧客渡船 800 余艘,全市客渡船标准化率达到了 88%;还投入 400 万元,开发并建造了 80 艘适合库区航道条件的渡船免费投放到相关区县渡口使用。湖北省交通厅投入了 173.44 万元船舶发展政策引导资金,对符合条件的新建船舶给予一定补贴。

重庆市政府每年担保贷款 2.3 亿元,引导水运企业重点发展载重吨为 3000～5000 吨的主力船型,发展 300TEU 以上的集装箱船、500 车位以上的商品汽车滚装船和 3000 吨以上的油品及化学危险品等专业化标准船舶,有效提高了船舶技术、经济、环保、安全等性能。

(五)加强立法,出台政策,为水运发展创造良好政策法制环境

沿江省市根据现有法律法规,不断完善地方法规和规章制度建设,制定了一些港口、航道和运输管理等方面的法规。江苏、湖南、重庆相继出台港口条例、航道条例和水路运输管理条例等地方法规 4 件。江西、湖北出台有关岸线、港口管理办法等地方政府规章 2 件。

各省市进一步加大了政策支持力度。江苏、湖北、云南、重庆、四川、安徽六省市政府出台了加快水运发展的意见或决定,提出一系列加快水运建设的土地、税收、资金等支持政策。江苏省从 2006 年起每年从财政资金中拿出 5 亿元用于内河航道建设,重庆市从 2007 年起每年拿出 2.3 亿元,湖北省每年拿出 1 亿元,安徽省也明确从今年开始每年拿出不少于 1 亿元,四川省从 2008 年起每年拿出 6000 万元,用于水运建设。有的省市直接在土地、拆迁、税费等方面给予减免或优惠政策。安徽省以资产为纽带,采取公路、水路捆绑式贷款担保,搭建多渠道融资平台。交通运输部门和港航企业也进一步加强了与商业银行的合作。

同志们!

我部一直把长江黄金水道建设作为全国内河水运建设的重点,全力推进黄金水道的建设与发展。一是加强规划和立法。国务院批准实施了《全国内河航道与港口布局规划》;印发了《长江干线航道总体规划纲要》;出台了《港口规划管理办法》、《航道建设管

理规定》、《港口建设管理规定》等规章。为抵御金融危机对交通运输业的冲击，我部于今年 5 月研究出台了《关于进一步促进公路水路交通运输业平稳较快发展的指导意见》。二是加大投资力度。“十一五”前三年，中央通过专项资金和其他资金渠道用于长江黄金水道建设投资 105.6 亿元，是“十五”期 52 亿元的两倍。2008 年长江黄金水道建设投资 166 亿元，是 2006 年 123 亿元的 1.35 倍。同时加大了水运科研投入，我部每年约 1/4 水上西部项目经费用于长江黄金水道重点领域、关键技术的研究，培养和锻炼了一批科研技术人才。三是全面推进长江航道整治工程。长江上游实施了宜宾至泸州、泸州至重庆段整治工程，三级航道由重庆上延至宜宾，川江实现全河段夜航。中游完成了一批重要碍航浅滩的整治工程，航道条件得到改善，通过能力有了一定的提高。长江下游 10 米深水航道完成上延，长江口深水航道治理三期工程正在实施。三峡库区丰都至宜昌、长江下游芜湖至长江口实现了船舶各自靠右分道航行。航道系统整治研究正在进行。四是强化水上安全管理。安全监管、巡航救助一体化、应急体系、治安防控、船舶防污等建设初现成效，长江干线水上安全形势继续保持稳定，信息化建设稳步推进，建成了内河首段 369.5 公里数字航道，航标实现遥测监控，电子航道图得到开发应用。五是提高依法行政能力。开展了内河水运建设项目管理绩效考核工作和内河水运示范工程活动。

各位领导，同志们！

长江水运发展协调领导小组办公室认真履行职责，多次召开办公室会议，加大长江水运发展相关政策、措施和重大问题的研究，完成了《长江黄金水道建设与发展对沿江经济与社会的贡献研究》和《长江航运综合服务信息系统总体构想》两个专题研究。加大《“十一五”期长江黄金水道建设总体推进方案》监督、检查力度，确保工程建设进度。为全面、及时了解黄金水道建设与发展等方面的情况，交流、推广沿江省市发展长江水运好的经验和做法，截至目前共印发了 7 期“合力建设长江黄金水道工作动态”专刊。为开好这次会议，领导小组办公室从去年 4 月份就正式开始筹备，做了大量前期调研、沟通协调、会议材料准备等工作。在此，我代表协调领导小组向办公室的所有成员表示感谢！

以上是我代表协调领导小组对第一次会议以来有关情况的回顾与总结，不足和不妥之处请大家批评指正。

谢谢大家！

安徽省省长王三运在长江水运发展协调领导小组第二次会议上的致辞

（2009年6月25日）

尊敬的盛霖部长，

各位领导、各位来宾，同志们：

十分高兴迎来长江水运发展协调领导小组会议在安徽召开，非常荣幸与来自沿江七省二市的领导在合肥相聚。在此，我谨代表中共安徽省委、省人民政府，对各位的光临，表示热烈的欢迎！对交通运输部给予安徽的高度信任和大力支持，表示衷心的感谢！

长江水运事业是综合交通体系建设的重要组成部分。在新的历史时期，加快发展水运事业，是深入学习实践科学发展观、促进全面协调可持续发展的必然要求，是转变交通运输发展方式、实现保增长调结构上水平的重要举措。这次会议认真贯彻中央精神，广泛交流各地经验，合力建设黄金水道，加快发展水运事业，必将为长江水运与沿江经济又好又快发展产生有力推动。

各位领导和来宾平时都很繁忙，难得到安徽来，借这个机会，我先简要介绍一下安徽的情况。

安徽，顾名思义，“安”寓意和谐，“徽”代表美好。一个“徽”字，上为山，下为水，左为人，右为文，正是安徽山水精彩、人文荟萃的形象写照。说山水，黄山、九华山、天柱山三大名山，长江、淮河、新安江三大水系，构成了江淮大地多姿多彩的山水版图。说人文，博大精深的徽文化，异彩纷呈的黄梅戏、徽剧、花鼓灯等艺术流派，在中华文明史上留下浓墨重彩的一页；诞生于安徽的思想先贤老子、庄子，神医华佗，活字印刷术发明者毕升，政治军事家曹操、朱元璋、李鸿章，新文化运动先驱陈独秀、胡适，诺贝尔奖得主杨振宁，“两弹元勋”邓稼先等，在不同时期、不同领域都是重要的领军人物。

安徽不仅有着山水人文的最佳组合，当前的发展更有着区位优势、资源优势、科教优势、政策优势的最佳组合。区位，安徽居中靠东，沿江通海，是与长三角地区接壤最多的省份；这里水运资源十分丰富，内河航运四通八达，历史上的徽商就是沿着新安江水运干线行人载物驰骋天下，全省现有通航河流124条，通航里程5596公里，港口吞吐能力3.4亿吨；全省公路总里程14.9万公里，其中高速公路2508公里；随着综合交通枢纽的建

设，安徽还将在中西部地区率先建成高速铁路网框架，目前合宁、合武动车组已经开行，实现了一个小时到南京、两个小时到武汉、三个小时到上海，随着京沪高铁安徽段、京福高铁安徽段、宁宜城际客运专线等加快建设，我省区位优势将会进一步提升。资源，安徽地下有矿、地上有粮，是全国重要的能源原材料和农产品生产供应基地，涌现出钢产量突破千万吨的马钢集团，铜产量全国第一的铜陵有色集团，水泥产量亚洲第一、世界第三的海螺集团等骨干企业。科教，安徽教育资源丰富，科技实力较强，拥有高校93所、重点科研机构1100家、国家实验室2个、国家重点工程实验室3个，涌现出奇瑞汽车、科大讯飞等一批创新型企业典型；省会合肥是首个“国家科技创新型试点市”，也是除北京之外国家大科学工程最密集的地区；去年全国科技进步奖12个一等奖中，我省占得两席，一个是奇瑞公司节能环保汽车技术平台建设，一个是中科院合肥物质科学研究院托卡马克核聚变实验装置。政策，安徽不论在促进中部崛起战略中，还是在当前扩内需、保增长的政策中，都面临许多重大机遇，特别是在重点产业调整振兴、综合交通枢纽建设、生态环境整治、大江大河治理，包括长江黄金水道开发、内河航运治理等方面，我们得到了越来越多的政策倾斜和项目支持，办了不少多年想办的大事。

立足优势，把握机遇，近年来安徽经济社会发展呈现出又好又快的良好态势。2008年，我们全面贯彻落实胡锦涛总书记两次视察安徽重要讲话精神，积极应对国际金融危机的冲击和多重不利因素的影响，经济社会发展保持了速度较快、效益较好、结构优化、民生改善的态势，全省生产总值增长12.7%，连续5年保持两位数增长，增幅在全国的位次前移10位。今年一季度，全省生产总值增长11.6%；1~5月份，全省规模以上工业增加值增长15.8%，社会消费品零售总额增长18.5%，固定资产投资增长34.4%，地方财政收入增长7.7%，主要经济指标继续保持平稳增长。今后工作中，我们将进一步抓好保持经济平稳较快发展这个首要任务，更加重视自主创新和结构调整，更加重视深化改革和扩大开放，更加重视改善民生和促进和谐，特别是立足于安徽的组合优势，加快建设合芜蚌自主创新综合配套改革试验区和皖江城市带承接产业转移示范区，努力为实现更长时期、更高水平的发展注入强大动力。

长江是我省承东启西的重要走廊，加快发展的重要命脉，在积极参与泛长三角区域发展分工，增进与中西部地区合作交流等方面，一直发挥着十分重要的作用。长江水运协调领导小组第一次会议以来，我们与沿江兄弟省市一样，紧紧抓住新一轮长江黄金水道建设机遇，按照“立足大流域、建设大水运、发展大交通、构筑大产业”的发展思路，进一步加大投入力度，提升通航运输能力和现代化水平，强化水运对经济社会发展的基础承载水平。同时，充分发挥沿江地区区位、资源等综合优势，积极推进装备制造、能源、金属材料、建筑材料、化工等产业向沿江地区集聚。目前，我省沿江地区拥有马钢、铜陵有色、

海螺水泥、安庆石化、奇瑞汽车、江淮汽车等 6 户主营业务收入超百亿元的大型骨干企业，初步形成了以奇瑞、江淮、华菱等骨干企业为龙头的汽车产业集聚区。去年，胡锦涛总书记视察我省时指出，安徽要充分发挥区位优势、自然资源优势、劳动力资源优势，积极参与泛长三角区域发展分工，主动承接沿海地区产业转移。落实这一重要讲话精神，我省正在规划并启动建设皖江城市带承接产业转移示范区，以 800 里皖江岸线为主轴，在沿江 9 市选择一批产业、区位、交通较好的区域先行先试，强化基础设施、物流体系、园区建设和体制机制的配套，重点承接国内外产业组团式、产业链整体转移。这次会议后，我们将认真抓好贯彻落实，充分借鉴兄弟省市的好做法、好经验，采取更加有效的措施，全面提升内河航运的整体素质、服务水平和竞争能力，努力把我省长江水运发展提高到一个新水平。

这次会议在我省召开，有幸给大家提供服务，我们感到非常高兴，我们将以最真诚的态度、最细致的工作当好东道主。但安徽条件十分有限，肯定有诸多不周之处，敬请大家多多包涵。在座各位平时难得到安徽来，希望这次能够多走走、多看看，对安徽的发展、对我们的工作多提宝贵意见。

最后，祝会议圆满成功！祝各位健康愉快！

谢谢大家！

全国政协提案委副主任王瑞祥在长江水运发展协调领导小组第二次会议上的发言

（2009 年 6 月 25 日）

各位领导、同志们：

能够应邀出席长江水运发展领导小组第二次会议共商长江水运乃至全国水运发展大计感到非常高兴。我代表全国政协提案工作委员会，也以一个老交通、老水运工作者的身份，向会议的召开表示热烈祝贺，并祝会议取得圆满成功！

我是以全国政协提案委员会成员的身份应邀出席这次会议的。其中主要原因是因为根据全国政协十一届一次会议的有关提案及提案委员会的工作，与我国的内河航运建设，特别是长江水运建设建立了一种工作联系，一个共同的使命、共同的目标使我们加入到这项事业当中、进入到这个行业里来，感到十分荣幸。

在去年的全国政协一次会议期间，我们收到了一些提案，即“关于进一步发展内河航运的提案”被列为 0832 号提案。在进行提案办理过程中，经过对提案的审查、立项、确定重点等程序，这份提案被列为重点提案之一而立项，并作为 5 个重点调研提案，成为办理的重中之重。之后，提案委员会组成专门调研组，由提案委员会副主任毛林坤同志带队，提案人（致公党中央代表）、部分政协委员、提案委员会成员以及交通运输部、发改委、财政部、法制办的同志，于去年 9 月 16 日至 24 日，到有关省市（江苏、浙江、上海、安徽等）进行了专题调研，并形成了调研报告，报送国务院领导和有关部门。这份调研报告，得到了全国政协领导和国务院领导及有关部门特别是交通运输部的高度重视，王刚副主席、张德江副总理做了重要批示，交通运输部等部门也高度关注，内河航运，特别是长江航运的发展问题，被摆在了重要的议事日程，作为我国现代化建设全局性的工作重点之一，从战略的高度来进行研究和推动。

交通运输部、国家发改委等有关部门，各省、区、市党委政府，对我国内河航运、特别是长江航运的发展高度重视，对国务院领导的批示精神的落实雷厉风行，在做了大量工作的基础上，筹备召开了这次会议，总结前期工作、分析当前形势、研究政策措施，大力推进长江航运事业发展，并以此带动全国内河航运事业的发展。我觉得这次会议的召开，

具有重要的意义，必将以会议的成果为推动我国长江航运、全国内河航运事业的发展起到历史性的作用。

为什么国务院领导、交通运输部、国家发改委及有关部门、各省市的领导对这项工作这么重视，为什么全国政协提案委把这方面的提案列为重点提案组织调研，为什么政协十一届二次会议提案中仍然有这方面的提案（第0717号关于加强内河航运资源的保护和开发，促进江河水资源综合开发利用）并仍然被列为重点，我觉得这是内河航运、特别是长江航运的独特优势、重要作用、发展潜力、客观需要所决定的。

我们知道内河航运是我国综合运输体系和水资源综合利用的重要组成部分，是实现经济社会可持续发展的重要战略资源，具有投资省、成本低、运量大、占地少、能耗低、污染小、安全性高等比较优势。因此大力发展内河航运，完全符合建设资源节约型、环境友好型社会的客观要求，是实现我国经济社会又好又快发展、全面协调可持续发展的战略性工作之一。

作为全国内河水运比重很大的长江航运（通航里程占全国内河的52%，水运量占80%）更是得天独厚，流域内资源丰富、人口众多、产业密集、城市密布、经济腹地辽阔，战略地位极为重要，是举世闻名的黄金水道，对促进区域经济发展、推动长江流域、社会进步、造福沿江两岸人民群众具有不可替代的重要作用，应该引起各方面的高度重视，并致力于加快发展。

新中国成立以来，特别是改革开放以来，在党中央国务院的领导下，在各部门各省区市的重视和努力之下，我国的内河水运尤其是长江航运事业的发展取得了巨大的成就，发挥了极为重要的作用，也奠定了很好的基础，内河航运建设、港口建设、运输生产、航政管理都有了实质性的发展，但是，按照国家发展的需要和要求，与世界发达国家比较，我国包括长江航运在内的内河水运发展还存在着许多亟待解决的问题，需要尽快实现跨越式发展。这些问题，包括思想认识、管理体制、法律政策环境、基础设施建设等各个方面，造成资金投入不足、总体水平落后、结构性矛盾突出、与世界先进水平差距拉大、水运占比重太低、内河水资源的保护和利用不充分等问题。因此，有识之士在关注和思考这个问题，如何进一步统一认识，统筹谋划、加快立法、加大投入、规范监管、开发建设，使之纳入国家战略，为保证国民经济全面协调可持续发展和全面建设小康社会作出更大贡献，成为上下关注的一个重点问题。

正因为如此，长江水运发展协调领导小组、交通运输部及有关部门、省市筹备召开这次会议，集中研究长江航运和内河航运发展大计，出台一批政策措施，这是一件功在当代，利在千秋的大事，是以实际行动，践行科学发展观、服务现代化建设大局的重要举措，必将产生重大影响，发挥积极作用。

我们全国政协提案委十分感谢大家对政协提案工作的重视和支持，我们也将继续秉承提案工作的宗旨，进一步围绕中心、服务大局，积极建言献策，进有据之言、献务实之策，充分反映社情民意，进一步推进黄金水道建设和全国内河航运发展，为各部门各省市经济社会发展做好服务工作。

国家发展和改革委员会副主任徐宪平在长江水运发展协调领导小组第二次会议上的发言

（2009 年 6 月 25 日）

（整理稿）

尊敬的盛霖部长，各位领导，同志们：

很高兴参加长江水运发展协调领导小组第二次会议，很高兴能有这样一个机会与有关部门和长江流域九省市的领导同志共同探讨长江水运发展大计。上午听了祖远副部长的报告和九省市领导的发言，待会儿还要聆听盛霖部长的讲话，这对我是一个很好的学习机会。

长江是我国唯一贯穿东中西部地区的水路大通道，在交通运输中具有航道里程长、运输能力大、土地占用少、能源消耗低、环境污染小等不可替代的优势，在我国经济社会快速发展、运输需求不断增长、资源环境约束日益加剧的今天，加快长江水运发展显得更加迫切、更加重要。

改革开放以来，长江水运的成就令人瞩目。2000 年以来，长江干线货运量年均递增 14%，去年完成 12 亿吨以上，占全国内河货运量的 63%，是 1978 年的 29 倍，是美国密西西比河的 2 倍、欧洲莱茵河的 3 倍，已成为世界上货运量最大的通航河流；长江干线规模以上港口完成货物吞吐量超过 10 亿吨，同比增长 10.6%，是 1978 年的 13 倍，南京、苏州、南通港跻身于亿吨大港行列；长江省际运输船舶运力达 3412 万吨，是 1978 年的 17 倍；三峡船闸安全运行 8600 多闸次，通过船舶 5.5 万多艘次，货物通过量再创历史新高，达到 5370 万吨。长江已经成为一条名副其实的“黄金水道”，有力地促进了沿江产业带的形成和发展。

应该看到，当前长江水运还存在一些需要解决的突出问题。航道整治任务繁重，投入较少，河势的控制与稳定还有不确定性。多数航段仍处于天然状态，航道水深不足，洪枯季节对船舶通航影响较大；沿江港口集约化、规模化、专业化水平较低；船型杂乱、吨级偏小，船舶尚未实现标准化、大型化等。

党中央、国务院高度重视长江黄金水道，主要领导同志多次作出重要批示。近年来，国务院先后批准了《全国内河航道与港口布局规划》、《长江干线航道总体规划纲要》、

《国家水上交通安全监管和救助系统布局规划》。交通运输部和沿江各省市人民政府抓紧实施有关规划，加大投资力度，加强航道整治，使长江水运服务沿江经济社会发展的能力不断增强。最近，温家宝总理、李克强副总理在徐匡迪同志《关于加快开发长江水运潜力的建议》上又作出重要批示，要求我委会同有关方面进行专题研究，提出建议上报国务院。

加快长江黄金水道建设，从当前看，对于促进增长、扩大内需、带动就业具有重要意义，从长远看，对于调整经济结构、转变增长方式、发展低碳经济，实现绿色发展将是一项战略举措。

长江沿江九省市经济总量占全国的40%以上，改革开放以来经济增速保持2位数。长江水运承担着沿线企业80%铁矿石、83%电煤、72%原油的运输任务。2007年，对沿江GDP直接贡献772亿元、间接贡献1.1万亿元，直接吸纳的劳动就业人数达到200.57万人，比上年增长33.76%，间接影响就业为904万人。更为重要的是，长江水运是一种节能的、低碳的运输方式，目前，为了应对全球气候变化，发展低碳经济，提高能源利用效率，优化能源结构，推广使用新能源，通过降碳、低碳和无碳来实现增长和环保的双重目标，已经成为各国的共同认识和主攻方向。我看到三组数据：一是2006年长江干线航运能源单耗为5.4千克标准煤/千吨公里，全国公路载货汽车单耗为75.2千克标准煤/千吨公里，铁路运输单耗为9.6千克标准煤/千吨公里，水运、公路、铁路能源单耗比1:14:1.8；二是1加仑的燃料，通过汽车实现运输量95吨公里，通过火车实现运输量325吨公里，通过船舶的实现运输量高达827吨公里；三是我国每年每公里航道平均货运量仅为美国的1/8，荷兰的1/7，说明长江水运开发还有很大的潜力。

按照党中央、国务院的部署和有关规划的要求，这些年，我委大力支持，积极配合有关部门开展通航、防洪、发电和重大产业布局重大工程建设等各项工作，以促进长江综合开发和协调发展。目前，我委正在按照家宝总理、克强副总理的重要批示精神，会同交通运输部等部门抓紧开展加快长江水运发展的专题研究，形成具体方案，并拟在今年扩大内需中央投资中安排一批重点项目，加大对长江水运发展的支持。

开发长江水运潜力，发挥"黄金水道"优势，意义重大。我委将继续加强与交通、水利、环保、国土等有关部门和沿江九省市地方人民政府的协调配合，统筹长江资源综合开发利用，统筹各种运输方式协调发展，为推进长江水运现代化发展创造更加有利的条件。

谢谢大家！

财政部经济建设司司长王保安在长江水运发展协调领导小组第二次会议上的发言

（2009 年 6 月 25 日）

尊敬的盛霖部长、各位领导、各位代表：

受财政部领导委派，很荣幸代表财政部参加长江水运发展协调领导小组第二次会议，很荣幸聆听学习了交通运输部和长江沿江 9 省市领导同志的报告。我深受启发，对水运这个最古老也最现代、最经济也最环保的运输方式有了深刻的认识；对长江黄金水道在我国经济社会发展中的重要地位和作用，有了更深刻的认识；也对进一步促进长江水运发展的前景充满了信心！在此，我表个态，财政部将认真贯彻执行这次会议精神，积极完善财税政策，统筹财政资金安排，积极支持长江黄金水道的建设和发展。

长江黄金水道是我国唯一贯穿东中西部地区的水运大通道，战略地位突出，水运资源丰富，航道里程长，运输能力强，发展潜力大。统筹推进长江黄金水道建设，积极促进流域经济发展不仅具有重要的战略意义，也是落实科学发展观的具体体现。党中央、国务院高度重视长江水运的发展问题，国务院主要领导同志也多次作出批示。财政部从落实科学发展观的高度出发，配合交通运输部认真贯彻落实中央领导指示和批示精神，多年来，一直着力于政策设计与资金筹措，对长江水运发展给予了积极的支持。

2008 年 2 月，为落实家宝总理批示精神，在交通运输部的组织下，我部与交通运输部、水利部等部门赴四川、湖北、湖南等地就长江航道建设规划问题进行了调研，并联合向国务院上报了《关于长江干线航道总体规划工作情况的报告》，及时提出调整车辆购置税支出结构，加大对长江干线航道及装备建设投入的建议，目前有关落实工作正在逐步实施。2008 年 9 月，我部又配合全国政协提案委员会，与交通运输部及其他相关部门联合赴江苏、安徽等地调研内河水运发展情况，提出的建议也得到了中央领导的高度重视。在财政资金投入上，近年来中央对长江黄金水道建设的投入重点在四个方面：一是长江干线航道整治及航运安全保障能力建设；二是主要支流航道建设和综合开发；三是主要港口公用基础设施建设；四是长江口深水航道整治工程及相关的实验场地建设和专用设备购置。此外，我们注重发挥市场配置资源的基础性作用，引导调整沿江产业布局，鼓励社会资金包括外资投入长江航运基础设施建设。应当说，进入新世纪以来，特别是 2005

年召开“合力建设黄金水道、促进长江经济发展”座谈会以来，长江水运步入快速发展通道，航道治理、沿江港口建设取得明显成效。

当前，面对国际经济形势的急剧变化，党中央、国务院审时度势，果断决策，实施积极的财政政策和适度宽松的货币政策，提出了“保增长、扩内需、调结构”的政策方针，并陆续出台了4万亿投资计划、十大产业振兴规划等一系列扩内需、促增长、调结构的政策措施，这为长江水运的发展带来了前所未有的机遇。加快长江黄金水道建设，既有利于保增长、扩内需，也是贯彻落实科学发展观和建设“资源节约型、环境友好型”社会的客观要求。财政部坚决贯彻落实中央决策部署，优化财政支出结构，扩大政府公共投资，下一步，将通过强化三个方面的工作继续支持长江水运发展：一是继续支持长江航道等公益性基础设施建设。重点是支持长江航运干线航道、主要支流航道和主要港口公用基础设施建设，为打造布局合理、城乡协调、运管匹配的长江运输体系奠定基础。地方财政也要加大投入，建立稳定的资金投入渠道。二是加快推进长江干线船型标准化工作。为了提高长江干线运输能力，保障船舶航行安全，促进节能减排，借鉴京杭运河船型标准化工作的经验，从2009年起，中央新增安排财政资金近10亿元，用于支持长江干线船型标准化工作，请各省市财政也相应筹措配套资金，保证资金及时足额到位。三是研究制定加快报废更新老旧船舶和淘汰单壳油轮的政策措施。按照《船舶工业调整和振兴规划》的要求，目前我部正在与交通运输部等相关部门研究制定加快报废更新老旧船舶和淘汰单壳油轮的政策措施，对老旧船舶报废更新予以支持。

我们充分相信，在党中央、国务院的正确领导下，在交通运输部和沿江各省市的共同努力下，在相关部门的大力支持下，长江黄金水道的建设开发与发展必将迈入新的黄金发展期，为我国区域经济协调发展，加快“资源节约型，环境友好型”社会建设，作出历史性贡献！

谢谢大家！

加强水资源综合管理　促进长江水运和谐发展

——水利部副部长刘宁在长江水运发展协调领导小组第二次会议上的发言

（2009 年 6 月 25 日）

尊敬的李盛霖部长，各位领导，同志们：

我受陈雷部长的委托，代表水利部参加这次长江水运发展协调领导小组第二次会议，并藉此机会向长期关心、支持、帮助水利事业发展的交通运输部、国家发展改革委、财政部、全国政协提案委员会、三峡办、中咨公司、中国进出口银行以及沿江各省市表示衷心的感谢，向会议的成功召开和长江水运发展表示诚挚的祝贺！这次会议全面总结了“十一五”以来长江黄金水道建设的成就和经验，九省市发表了重要意见，研究了加快长江水运发展的措施和意见，十分重要，具有现实和长远的意义。一会儿，李盛霖部长还要作重要讲话，我们一定按照会议精神，努力做好相关工作。

总体上看，长江水运发展有以下四个特点：一是政府和企业的投资力度大；二是航道、港口和航电枢纽建设的规模大；三是水运对流域经济协调发展的拉动作用大；四是更加注重水运产业在环境保护、安全监管、数字航道等方面的管理创新。这些好的经验和做法对水利工作都有很好的借鉴作用。

下面，我汇报三点意见：

一、促进流域经济协调发展，需要进一步发挥长江航运得天独厚的优势

长江流域拥有全国 1/2 的内河航运里程，是连接我国东中西部的“黄金水道”，具有十分突出的战略地位。经过多年的治理和建设，尤其是 1998 年以来长江干支流河道整治和三峡工程建成蓄水，极大地改善了航道条件，形成了较为通畅的长江水运航道网络，使长江航道等级和运输能力明显提高。据统计，1998 年以来中央共投入 227 亿元用于长江干支流堤防建设和河湖整治，长江中下游 3576 公里干流堤防全面达标，提高了长江河势和岸线的稳定性，长江黄金水道功能得到发挥。

长江黄金水道建设既是构建现代交通运输体系的重要内容，也是流域水资源综合利用的重要内容。从流域水资源综合利用的角度看，长江水运发展面临的主要问题有：一

是长江中下游河势稳定和航道改善任务较为艰巨。上游河段水富至重庆段仍有部分碍航滩险，三峡库尾泥沙冲淤对航运的影响尚需加强观测；中游河段基本处于自然状态，局部河段主流摆动频繁、航槽演变剧烈，成为黄金水道的"短板"；下游河段航行条件较为优越，但白茆沙、通州沙、福姜沙等"三沙"是大型海船进江的主要瓶颈。二是三峡工程蓄水运行后增加了中下游河段尤其是荆江河段防洪以及航道治理的复杂性。目前，长江中下游已呈现出冲刷范围广、幅度大、水下岸坡普遍变陡、局部河段河势调整等新变化，崩岸强度及频度明显加强，航槽稳定受到一定影响，长江中下游河道整治和河势控制亟待加强。三是加强流域水资源保护、维护河流健康对水运发展提出了更高的要求。针对长江水环境和水生态问题，三峡库区、南水北调工程水源地、干支流和湖泊水资源保护越来越严格，全社会对维护河流健康的要求和关注度越来越高，必须加强水资源和水环境保护。

长江特殊的地理区位和水运条件，使长江航运的需求与长江流域水资源综合利用密切相关。加快长江水运发展，有利于充分发挥长江流域的资源优势和经济优势，促进长江上中下游经济社会和谐发展。从当前国家宏观经济形势看，为应对国际金融危机，国家实施积极的财政政策，加大对水利、交通、能源等基础设施的投入，为长江水运事业的发展带来了新的机遇。加快长江水运发展，将对促进沿江区域发展战略的实施和外向型经济发展、推进沿江城市化和工业化进程、优化沿江产业布局和产业结构、拉动沿江经济快速协调发展起到重要的作用。

二、促进长江水运和谐发展，需要加强长江水资源综合利用与管理

水运发展与水利发展密切相关。近期我部组织开展的与航运有关的工作主要有以下方面：

一是组织开展长江流域综合规划修编。根据国务院的要求和部署，我部会同交通运输部等国家有关部门和地方，基本完成长江流域综合规划修编工作，将绘就长江航运发展新的蓝图。本次规划以"维护健康长江、促进流域可持续发展"为主线，围绕防洪减灾、水资源合理利用、水环境保护、流域综合管理四大体系建设，提出流域治理、开发和保护的目标、布局和对策措施。在航运方面，规划坚持全面规划、统筹兼顾和水资源综合利用的原则，以全国内河航道与港口布局规划、长江干线航道规划纲要等为基础，按照"深下游、畅中游、延上游"的黄金水道总体建设思路，因地制宜提出航运发展布局和措施方案。长江口河段，以国务院批准的《长江口综合开发整治规划》为依据，通过整治以稳定河势、维护深水航道的安全运行，实施通州沙、福姜沙及白茆沙河段治理，将长江口深水航道逐步向上延伸；干流中游根据三峡水库清水下泄及河势演变情况，加强航道观测和演变规律分析，实施碍航河段航道控制性工程或整治工程；干流上游对水富至重庆段航道进行

整治，结合三峡等渠化枢纽建设，治理库尾航道。同时，对主要支流也提出了航道整治方案。

二是加强三峡水库及长江干支流控制性水库群调度管理。为加强三峡水库及其下游河道生态环境保护，维护长江黄金水道的安全，我部于 2008 年发布了《三峡水库调度和库区水资源与河道管理办法》。为统筹流域水资源综合利用与保护，协调水库群在防洪、发电、航运、供水和生态环境保护等方面的关系，充分发挥水库群综合利用效益，正在组织开展三峡水库及长江干支流控制性水库群综合调度管理研究，重点开展流域水文情势影响及实时预报、用水安全与下游对水库调度的需求、水资源综合调度方式、多目标综合调度技术、统一补偿调度协调机制等研究，其中航运也是重点考虑的内容之一。在研究过程中，也将充分听取交通运输部门的意见。

三是加强河道采砂管理和岸线利用管理。近年来，为加强长江河道采砂管理，我部与交通运输部等有关部门和地方共同努力，严厉打击非法采砂，出台了《长江河道采砂管理条例》，制定了采砂规划，有效规范了长江河道采砂活动，维护了长江河势和航道的稳定，保障长江的通航安全。同时，我部加强河道水政执法监督和管理，正在组织编制河道岸线利用与保护规划，进一步规范河道和岸线的管理。

四是加强长江中下游河道整治和河势控制。为进一步提高长江中下游防洪能力，促进长江航运发展，我部组织实施了多项应急工程以稳定现有的河势，开展了荆江河段河势控制应急工程，对重点河段崩岸险情进行治理，有力地保证了航道的稳定。下一步，我部将把长江中下游河道整治和河势控制、长江口治理、“两湖”治理、主要支流治理等作为长江防洪工程建设的重点，进一步加大治理力度。

同时，长江水运发展也要充分考虑维护健康长江的要求，注重“三个结合”：一是航运发展与水资源综合利用相结合，充分考虑流域防洪、水资源利用、生态环境保护、河势控制和岸线利用等要求，提高经济、社会、环境整体效益。二是航道建设与河道整治相结合。要坚持统筹规划，深入论证，准确把握河道和航道演变规律，采取综合治理措施，既满足防洪的需要，也满足航运的要求，节约投资，提高效益。三是水运管理与水资源综合管理相结合。要正确处理好开发与保护的关系，加强航运安全监管工作，高度重视和预防航运可能造成的重大水污染，建立信息通报和部门协调机制，完善应急预案，维护河流健康。

三、加强协作，统筹兼顾，充分发挥长江水运协调机制的作用

长江流域上下游、左右岸是密切联系的有机整体，流域治理开发和保护工作涉及多个部门和地区。长期以来，水利和交通运输部门在规划、工程建设和管理工作中一直保

持了良好的协作关系，相互支持和密切配合，加强沟通协调，有效保障长江干流河势稳定、航道稳定和防洪、航运安全，合力推进长江黄金水道建设和发展，取得了显著成效。今年4月，我部与交通运输部正式签署《加强长江河道采砂管理合作备忘录》，是落实国家加快长江黄金水道发展战略的重要举措；是实现资源整合共享、部门协同合作的积极探索。在今后的工作中，水利和交通运输部门在长江上游干支流河道梯级开发、中下游河势及航道治理、长江入海口综合整治开发和深水航道建设等多个方面上存在共同的治理目标和广泛的合作领域，还需要充分发挥协调机制作用，统筹兼顾，加强合作。水利部门将一如既往，与交通运输部门通力合作，抓住有利时机，加大工作力度，为沿江各省市经济社会发展提供支撑和保障。

各位领导、同志们，在当前应对国际金融危机，全国上下一致保增长、保稳定、保民生的关键时期，在党中央、国务院的正确领导下，我部将与各相关部委、与长江沿线各省市同舟共济，携手共进，推进长江水利事业发展，打造黄金水道，共同为长江流域经济社会和谐发展作出不懈努力！

中国国际工程咨询公司总经理胡希捷在长江水运发展协调领导小组第二次会议上的发言

（2009 年 6 月 25 日）

首先非常感谢盛霖部长，部里几位领导和部里的同志，邀请我，邀请中咨公司来参加这次会议。非常高兴参加这次会议，和部里的同志，和交通系统的同志、各省市的领导同志，共同来研究长江航运的发展。

上午听了祖远副部长的报告，9 个省、市领导的讲话，非常振奋人心。总的感觉，这几年长江黄金水道发展很快，黄金水道大有作为。既然盂勇副部长让我说两句，我就简单谈点认识。

积极地发展水运，特别是发展长江黄金水道意义重大。

1. 长江位于我国南北的中心地带，又贯穿东中西，具有非常特殊的区位优势，没有哪一个河流、哪一个通道能够代替长江这样一个大通道。通过长江可以充分发挥东部经济的辐射作用、中部经济的沟通带动作用、西部经济的后劲作用，从而使我国东部、中部、西部不同经济区域有机联系起来，发挥各自优势，共同推进经济发展。

2. 水运是最清洁的运输方式。水运在当前世界几种主要的运输方式当中运能大、成本低。有资料表明每马力的运量水运比铁路多 4 倍，比汽车多 50 倍，比飞机多 100 倍；运输成本只有铁路运输的 1/2，公路运输的 1/3。根据美国年报的统计数字，美国沿海运输成本只有铁路运输的 1/8；美国密西西比河干流的运输成本只有铁路运输的 1/3 ~ 1/4。目前我国长江干线的运输成本是铁路运输的 0.8。水运能耗低，美国有报告显示，其国内的水运、一级铁路、高速公路的能耗，水运是 1，铁路是 1.65，汽车是 13.2，比例就是 1∶1.65∶13.2。德国的资料显示，内河、铁路、公路运输的能耗为 1∶1.65∶13.2。水运除了港口占用少量的土地之外基本不占地，污染非常低。由于内河航运每马力的运量比铁路多 2 到 4 倍，比公路多 50 倍，比飞机多 100 倍，因此污染排放远少于汽车、火车和飞机。

3. 国际上有的经济学家和政治家在预测和论述这样一个问题，他们认为，未来世界经济将进入以能源战略和减排环保为中心的发展时期。有的学者就说，很可能这一轮金融危机以后，世界就进入了这样一个时期，就是以能源战略和减排、环保为中心的发展时期。能源的拥有、能源的消耗、污染的排放、低碳经济将会成为世界经济和未来经济最重

要的关注点和各国争议角逐的焦点。因此，新任美国总统奥巴马上台以后，尽管面临了世界金融危机以及由此带来的实体经济衰退等方面的巨大压力，但是他仍然将关注点，思考的中心和焦点放到了能源问题上。上台不久，发表的第一个白皮书就是“美国新能源战略”。可见能源问题、大气排放问题、发展低碳经济，将会是世界经济关注的中心，将会是各国特别是大国角逐的焦点。因此，大力发展水运，特别是长江黄金水道的运输意义十分重大，这是未来经济发展趋势所决定的。

为此，我对长江黄金水道的建设提出以下两点建议：

第一，建议充分发挥长江水运工作协调机制作用，利用这样一个大好的形势，认真执行已确定的长江航运发展的各项政策，并创新投融资体制和机制，加快长江航运发展。

第二，建议做好沿江经济发展的规划。首要的是产业发展规划，产业布局的规划，综合运输枢纽的规划，环境生态规划，把长江沿岸地带建设成为我国经济最发达的地区。欧洲的莱茵河经过整治以后，7000 吨的海轮可以到达科隆，5000 吨的海轮可到达曼海姆，深入了德国的鲁尔地区，并可依托水运通达欧洲各地，因此鲁尔地区成为全球经济最发达的地区。所以我想，我们长江 9 省市在未来也可以成为我国经济，甚至世界经济最发达地区。

2006 年 2 月，中咨公司给党中央、国务院建言，提出积极发挥长江水道的作用，把南京以下建设成重要海港区的意见，中央领导高度重视，锦涛总书记、家宝总理，时任副总理的曾培炎同志都做了重要批示。中咨公司将继续发挥为国家投资决策咨询服务的作用，积极为长江黄金水道建设、为国家各行业、各省市经济建设发展做好服务。

最后，祝大会圆满成功，预祝长江黄金水道发挥越来越重要的作用。谢谢！

加速推进长江黄金水道建设
充分发挥长江水运在安徽经济社会发展中的作用

——安徽省副省长黄海嵩在长江水运发展协调领导小组第二次会议上的发言

（2009 年 6 月 25 日）

尊敬的盛霖部长，各位领导、同志们：

很高兴交通运输部在全国上下深入贯彻落实科学发展观，积极应对国际金融危机，努力保增长、扩内需、调结构的关键时刻，在我省组织召开长江水运发展协调领导小组第二次会议。这对加强区域和部门合作，落实中央扩大内需的方针政策，共同推进长江黄金水道建设，具有十分重要的作用。

下面，按照会议安排，我向各位领导、同志们简要汇报一下第一次会议以来安徽推进长江黄金水道建设的情况和下一步工作安排。

一、第一次会议以来安徽推进长江黄金水道建设的情况

安徽水运资源丰富，境内大小河流 300 多条，具有得天独厚的发展水运事业的条件。我省按照江苏会议的要求，明确提出“立足大流域，建设大水运，发展大交通，构筑大产业”的工作思路，认真贯彻落实会议签署的《“十一五”期长江黄金水道建设总体推进方案》，大力实施安徽水运跨越工程，加快干支流联动建设和沿江港口群建设，长江黄金水道建设取得了显著成效。

一是制定各项水运发展规划，有步骤地推进长江黄金水道建设。安徽省委、省政府一直高度重视长江黄金水道建设和开发的规划，在出台《关于进一步推进皖江开发若干问题的意见》，编制《长江经济带开发开放规划纲要》和《沿江城市群“十一五”经济社会发展规划纲要》等政策性文件和规划时，将长江黄金水道建设和开发作为重要任务，纳入工作重点和规划。为充分发挥长江黄金水道的运输优势，加强内河干线航道整治和内河港口建设，加快发展航运业，2006 年 5 月我省编制完成《安徽省内河航运发展规划要点》（皖政办〔2006〕37 号）、2006 年 12 月编制完成《安徽省“十一五”综合交通体系发展规划

纲要》(皖政〔2006〕132 号),并陆续编制下发了马鞍山港、芜湖港等 17 个港口的总体规划。根据这些规划,我省设计、储备了一大批水运建设项目,先后上马了颍上船闸、巢湖港巢城港区一期工程、铜陵港横港件杂货码头改扩建等项目,并于去年竣工投产。特别是自中央为有效应对国际金融危机、实施刺激经济的政策以来,我省开工建设芜申运河安徽段、合裕航道裕溪复线船闸、浍河蕲县船闸、阜阳船闸等水运重点建设项目。

二是积极探索水运融资体制改革,多渠道吸引资金。2006 年 12 月,我省以原国有港航优良资产为资本,组建安徽省港航建设投资集团公司,把过去港航的存量资产作为资本金,把部分规费收入作为每年新增注入的资本金,并以其为港航建设的投融资平台,吸引银行、信托等金融机构的资金参与我省境内的港口、航道、船闸等港航基础设施的建设投资,放大国有港航资产的投融资能力。公司运营 2 年多来,与国家开发银行签署了 20 亿元贷款协议,与多家商业银行签订了合作协议,同时积极开展与水利部门及沿江港口地方政府合作,参与投资建设的大型水运建设项目达 6 个,并有多个合作意向项目。本次会议期间,还将与中国进出口银行签订框架合作协议,省港投集团公司作为承贷主体,正在与中国进出口银行衔接项目,这是我省水运建设融资体制改革取得的最新成果。

三是研究制定多种政策措施,积极推进长江黄金水道建设。为进一步发挥安徽水运资源优势,加快长江黄金水道建设,针对长期以来存在的建设资金不足、水资源综合利用水平低、机制不活、管理落后等矛盾和问题,安徽省政府在充分调研、广泛征求意见的基础上,于 2008 年 12 月出台了《安徽省人民政府关于加强水运基础设施建设和管理加快水运发展的通知》(水运 20 条),在简化水运项目审批、确保水运建设用地、加大水运建设资金投入、实行水运发展财税扶持政策等方面给予政策支持,为水运发展注入活力。省政府建立了水运发展联席会议制度,2009 年省财政安排 1 亿元资金专项用于安徽水运基础设施建设。今年省政府又出台了《关于加快发展交通运输业的若干意见》,对做大做强港航水运企业,发展水运市场提出了明确要求。

四是切实落实各项政策措施,调动各方力量支持长江黄金水道建设。各级政府及有关部门积极贯彻落实各项政策措施,积极支持水运发展,在河道与航道的整治、水利枢纽与通航建筑物的建设中,注重长江黄金水道建设的各项规划指导,通盘考虑,同步建设,相互促进,共同发展。如水利部门在设计控制水位、流量时,充分考虑水运的通航要求,力争不出现新的碍航闸坝;各地在交通路网和城市道路规划及建设过程中,充分考虑港口集疏运道路建设的要求,在跨河公路和铁路桥梁规划及建设过程中,严格按照航道定级标准建设,避免出现新的碍航桥梁等。再如,芜湖市政府在征地及相关政策上积极支持芜申运河芜湖段航道的建设,池州市政府在征地、税收等政策上全力吸引香港远航集团等一批知名企业落户池州建设长江黄金水道。

五是加强组织领导，积极研究解决长江黄金水道建设中遇到的问题。安徽省委、省政府高度重视水运发展，省政府常务会议多次专门听取水运建设发展情况汇报，省政府建立了水运发展联席会议制度，专题研究水运发展规划和项目建设，积极研究解决水运建设中遇到的问题。2006 年，我省制定了《“十一五”长江黄金水道建设安徽省实施方案》，规划投资约 120 亿元、重点建设项目 82 个。为推进这些项目建设，我省主要采取了五项措施。一是由政府水运管理部门牵头，确定专人或专门工作组，配合、协调各方支持业主开展前期工作。二是明确省港航投资集团会同有关投资方成立项目法人，全面负责项目前期建设经营等工作。三是保证项目前期工作经费，在项目业主或法人不确定时，由地方所在地政府或行业主管部门先行垫付。四是严格按照相关政策法规要求，认真做好土地预审、环境影响评价、防洪影响评价、水土保持方案等编制和审批工作，严格按照项目建设程序做好项目建设、监理、竣工验收等工作。五是与水利部门携手推进，健全体制、实现共赢，从机制上解决了不少水运发展上多年想办而办不成的大事。

经过这几年的努力，我省长江水运建设，特别是长江黄金水道建设取得明显成效。“十一五”前三年，完成水运投资 41.3 亿元，是“十五”投资额的 2.86 倍，其中 2008 年完成投资 23.7 亿元，是“十五”投资额的 1.64 倍；芜申运河安徽段、合裕线裕溪复线船闸、浍河蕲县船闸、合肥港综合码头、马鞍山港人头矶港区、小黄洲锚地等一批重点工程相继开工建设。

二、加速推进长江黄金水道建设对安徽具有十分重要的意义

近年来，我省为推进长江黄金水道建设做了大量工作，取得了积极成效。但总体上来讲，我省对长江水运资源的开发利用还不够，长江水运资源对我省经济社会发展的支撑作用还没有充分发挥出来。加速推进长江黄金水道建设，对安徽具有十分重要的意义。

一是实践科学发展的需要。长江黄金水道横贯安徽全境近 400 公里，沟通了马鞍山、巢湖、芜湖、铜陵、池州、安庆等沿江重要城市群，我省拥有沿江岸线资源总长约 755 公里，其中适宜建港岸线长约 385 公里，占 51%。适宜建港岸线中深水岸线长 298.4 公里，目前仅利用 42.5 公里。长江黄金水道是节能省地、环保型绿色运输通道，具有运量大、能耗省、占地少、污染小、成本低的优势，加快长江黄金水道建设是实践科学发展观的重大举措。

二是推进工业强省的需要。长江水运资源对安徽工业发展起了重要的支撑作用。长江安徽段南北两岸纵深腹地煤炭、水泥、矿产、农产品资源丰富，利用长江水运的优势，安徽已经在长江沿线及合裕线布局了海螺水泥集团、马钢集团、芜湖奇瑞汽车集团、铜陵有色集团、安庆石化和众多电厂在内的一大批大中型骨干企业，以长江水运为支撑的沿

江地区产业集群是安徽工业的集中区,2008 年沿江地区工业占全省工业的比重 48.8%,是安徽工业发展最具活力的区域。加速长江黄金水道建设为各种生产要素和商品的流动提供最便捷的通道,是我省推进工业强省战略、加快工业化进程的必然选择。

三是做强做大企业的需要。企业做强做大需要具备或创造各种竞争优势,如资源优势、科技优势、成本优势等。安徽沿长江布局的一些钢铁、有色、水泥等工业企业,之所以能够迅速发展壮大,很大一方面的原因是充分利用了长江水运优势。如马钢集团的铁矿石、铜陵有色的铜矿石大多数是通过海运经长江运输的。海螺集团沿江布局的企业都建有直接通往长江港口的封闭运输系统,将水泥运抵长江港口后直接装船经长江运往长三角等地区销售。加速长江黄金水道建设,有利于我们为企业做强做大持续创造运输成本优势,进而获得竞争优势。

四是打造综合运输体系的需要。要最大程度地发挥交通资源优势,必须打造布局合理、城乡协调、运能匹配、互联互通的综合交通运输体系,整体推进交通建设和发展。“十一五”期间,安徽按照“东西向增强便捷程度、南北向消除交通断层、市县间提高通达深度、多种运输方式加强衔接”的总体思路,加大交通建设力度,规划建成高速公路网覆盖县域,铁路网覆盖沿江各市,水运联通“两干(长江、淮河)三支(合裕线、芜申运河、沙颍河)”水运主通道和五条区域性重要航道(兆河~西河、涡河、浍河、姑溪河、新安江),等级公路基本实现村镇全覆盖的综合交通运输体系。以综合性大宗货运中转枢纽建设为重点,依托芜湖、马鞍山、铜陵、安庆等沿江中心城市,实现各种运输方式在港口的高效衔接,建立运能匹配、联运便捷、畅通高效以长江黄金水道为核心的沿江沿淮现代航运体系,是我省综合交通运输体系中重要而有机的组成部分。

三、全面落实本次会议精神,加速推进长江黄金水道建设

经过交通运输部和国家相关部委的共同努力,本次会议将出台一系列促进长江黄金水道建设的政策措施,签署《合力推进长江黄金水道建设的若干意见》及《推进长江干线船型标准化实施方案》,可以说是 2005 年合力建设黄金水道启动以来成果最为丰富的一次会议,必将有力地加快长江水运发展。我们将认真学习、消化吸收本次会议精神,结合安徽实际,充分发挥安徽中部居东、襟江近海的区位优势,全面落实盛霖部长的指示和有关政策文件精神,加速推进长江黄金水道建设。

今后一个时期,安徽加速推进以黄金水道建设为核心的内河水运发展,我们的初步考虑是:

一是坚持干支流联动。按照《“十一五”期长江黄金水道建设总体推进方案》和《安徽省内河航运发展规划》,加快建设“两干三支”水运主通道和五条区域性重要航道组成的骨

架航道体系。高标准整治长江干流航道安徽段，铜陵至南京段按 10 米水深整治，铜陵以上按 6 米水深整治。同时，加强芜申运河、合裕线等千吨级支流航道整治，推进淮河干流及重要支流航道整治，规划建设江淮运河沟通工程，力争 2012 年左右，完成境内国家高等级航道规划建设任务，提高航道技术等级，改善通航条件，形成安徽航道网络主骨架。

二是坚持航道、港口、船闸联动。在抓好航道整治的同时，改扩建干支流航道上一批船闸，提高通过能力。调整优化港口结构，大力发展公用码头，加大现有码头技术改造力度，提升装卸机械化水平，推进港口码头向大型化、深水化、专业化方向发展。将改善通航条件与建设现代化港口相结合，使之运能匹配，实现同步建设、相互促进、共同发展。

三是坚持岸线优化利用。结合跨江发展战略的实施，加快江北岸线的开发利用，鼓励南北两岸在港口岸线、经营管理等方面资源共享。从编制和实施港口岸线总体规划入手，严格规范港口岸线使用审批程序，加大对港口岸线使用的管理力度。合理利用港口岸线资源，以深水泊位、专用泊位为重点，加快主要港口和重点港口的建设，形成临港工业区、经济园区、出口加工区、港口物流园区等多元综合经济体。

四是坚持水陆联运。立足于完善综合运输体系，提高运输效率和效益。统筹考虑港口建设与高速公路、城市道路以及铁路的衔接，加强疏港道路、铁路支线建设，改善港口集疏运条件，建设散货物流基地和铁水联运综合物流基地，打造以港口为集散中心的全新物流体系。

五是坚持海江河联动。借力上海国际航运中心建设，放大其“中心”作用，充分发挥安徽丰富资源优势，整合现有港口资源，加强有序合作，加速“喂给港”发展。以推进安徽航道骨架网络建设为基础，建设以各主要支流航道为支线，以长江黄金水道为核心的现代化航运体系，力争实现万吨海轮常年进入长江安徽段，实现省内外水路畅通高效、海江河联动发展的新格局。

具体来说，主要采取以下几项措施。

一是以规划指导建设。规划是行动的先导。我们牢牢抓住“规划”这个牛鼻子，通过规划来统揽水运发展的全局。目前，我省已基本形成水运发展规划体系。下一步，我们将按照省委、省政府积极参与泛长三角区域发展分工，主动承接沿海地区产业转移的战略决策，进一步调整完善安徽内河水运发展规划，使水运发展与综合交通运输体系相衔接，与皖江城市带承接产业转移示范区发展相匹配，最大限度地发挥长江黄金水道的独特优势、潜能和作用。在加快巢湖第二入江通道等一批重点项目前期工作的基础上，提前谋划“十二五”水运发展规划工作，重点是开展江淮运河的前期工作，滚动完善项目储备库，充分发挥规划的指导作用。

二是以项目带动建设。我们将充分利用这次中央保增长、扩内需的政策机遇，在交

通运输部的支持下，大力推进重点水运项目建设，加速安徽水运发展。年内将开工兴建巢湖复线船闸、合裕线航道整治、芜湖港锚地等一批重点工程，加快芜申运河安徽段、合裕线裕溪复线船闸、浍河蕲县船闸、合肥港综合码头、马鞍山港人头矶港区、小黄洲锚地等一批在建的重点工程建设，力争早建成、早投产。推动一批规划内水运重点项目的前期工作，力争早日开工、早日发挥效益。利用日益完善、衔接有序的水运体系，建设沿江沿淮现代化港口群，引导冶金、石化、电力、汽车、建材等大用水、大耗能、大运量的主导产业以及水陆联运、江海联运等扩散性强的产业沿长江布局发展，积极迎接长三角地区产业梯度转移。

三是以政策推动建设。从数年前《安徽省内河航运发展规划》、《安徽省内河船型标准化发展纲要》等政策的颁布，到“水运20条”和《安徽省人民政府关于加快发展交通运输业的若干意见》的出台，一系列不断丰富、完善和发展的政策极大地促进了安徽省水运事业的发展。下一步，我们将更加积极主动地发挥创造性，全面贯彻落实已经出台的政策文件，将政策用好、用活，不断推动安徽水运事业又好又快发展。我们将充分发挥业已成立的省水运发展联席会议制度的作用，加强对水运基础设施建设的领导，积极协调解决水运发展过程中的重点难点问题。进一步健全水运发展工作机制，完善议事协调、目标管理、督办问责、绩效考评等制度，加强政策措施的引导、激励和推动作用，调动并发挥全社会参与和支持水运发展的积极性，不断优化建设环境，营造良好社会氛围。

四是以市场引导建设。资金是制约水运发展的关键性因素。我们始终坚持以市场为导向，通过深化投融资体制改革，努力实现内河水运基础设施投资主体多元化。继续发挥安徽省港航建设投资集团已初步搭建融资平台作用，放大港航国有资产的投融资能力，牵手金融部门，吸引银行、信托等金融机构的资金投入。积极开展与水利部门及沿江港口集团合作，引进战略合作伙伴，吸纳社会资金加快牵动性强的水运基础设施建设。积极引导省内外有实力的企业通过合作、合资或独资的形式，参与水运项目特别是港口码头的开发、建设和经营，并逐步拓展到物流、产业园发展上。积极探索新安江航道“航电结合，以电养航”的航道开发模式以及港航基础设施建设滚动发展的新路子。

五是由企业主导建设。企业是市场的主体。做大做强水运重点企业，有效整合水运资源，是建设水运大市场的必然选择。大力推进港航企业改革，大力推进船舶标准化，实现港航企业集约化、专业化、规模化、信息化经营。鼓励各种社会力量进入水运建设和经营市场，引导港航企业加强管理、苦练内功，进一步提升市场竞争力。积极引进战略合作伙伴，支持港航企业兼并重组，加快实施港航资产整合力度。鼓励大型港航企业成片开发建设公用港区，参与开发区、物流园区、工业港区专业化公用码头建设与经营。推进港口管理体制改革与物流配套体系建设，提高为发展大型临港产业聚集区服务的能力。

建设长江黄金水道和鄱阳湖生态经济区
促进生态文明与经济文明协调发展

——江西省常务副省长凌成兴在长江水运发展协调领导小组第二次会议上的发言

（2009 年 6 月 25 日）

尊敬的李盛霖部长，各位领导、同志们：

长江水运发展协调领导小组第一次会议以来，江西省认真学习实践科学发展观，认真贯彻落实温家宝总理“要保护好鄱阳湖生态环境，使鄱阳湖永远成为一湖清水”的重要指示精神，认真研究落实第一次领导小组会议精神，围绕《“十一五”期长江黄金水道建设总体推进方案》和《江西省“十一五”经济社会发展规划》的目标任务，将长江黄金水道建设作为鄱阳湖生态经济区建设的重要组成部分，加快水运基础设施建设步伐，加强生态环境保护，积极推进沿江沿湖经济文明和生态文明协调发展，完成了阶段性建设任务。现将有关情况简要汇报如下：

一、立足三个加快，江西水运建设取得新成效

2007 年，江西省政府召开了全省第一次水运发展工作会议，认真贯彻了全国水运工作会议精神，确定了我省水运发展“三个加快”的总体要求和目标任务。即加快干线高等级航道和南昌、九江全国内河主要港口建设，改善航道结构和港口设施；加快水运安全保障能力和应急救助体系建设；加快港航信息化和船舶标准化建设。一年多来，江西水运建设取得了五个新成效。

一是在科学规划上取得新成效。为实现江西水运的科学发展，我省精心编制了《江西省内河航运发展规划》、《江西省海事总体规划》、《江西省港航信息化规划》和南昌港、九江港等国家主要港口规划，明确了 2020 年全省水路交通现代化的发展目标和主要任务。目前，交通运输部和江西省政府已联合批复南昌港总体规划，这个规划的实施必将大力促进南昌市和周边地区经济发展、产业布局、资源开发和城市建设。同时，编制完成了《江西省内河船舶发展规划》、《长江—赣江普通货船船型主尺度系列标准》、《长江—

赣江化学品船船型主尺度系列标准》、《长江—赣江集装箱船船型主尺度系列标准》、《长江—赣江油品船船型主尺度系列标准》。

二是在航道整治上取得新成效。2006 年以来，在交通运输部支持下，赣江樟树至南昌 94 公里三级航道整治工程如期完成；赣江东河南昌至瓢山 87 公里四级航道整治工程正在推进，将于 2010 年完成；省水上搜救中心工程、鄱阳湖分中心将在今年年内完工；成功组织了处置水上突发事件综合应急演练，增强了支持保障能力。

三是在促进水路运输上取得新成效。通过改善水运条件，集装箱运输量成为近年水路货运的亮点。2006 年突破 10 万 TEU、2007 年达到 12.63 万 TEU、2008 年受国际金融危机影响，仍稳定在 12.57 万 TEU。随着大开放、大物流政策的实施，江西国际集装箱码头的投产、九江出口加工区的启动和集装箱中转场站的兴建，集装箱运输将继续保持高速增长的态势。

四是在推进九江港建设上取得新成效。江西省委、省政府提出了依托长江黄金水道，完善沿江产业布局，提升九江港口能力。2007 年，引进上海港务集团落户九江，规划建设 8 个泊位、120 万 TEU。第一期工程已于去年建成投运，形成了九江港同上海洋山港的江海联运新优势。同时，省政府成立了九江港口建设协调领导小组，制定了《促进九江沿江开发若干政策意见》，在基础设施、财政信贷、土地征用、项目建设等四个方面，出台了 20 条扶持政策。

五是在推进鄱阳湖生态经济区前期工作上取得新成效。去年年初，省委、省政府作出建设鄱阳湖生态经济区的战略构思，这是深入贯彻落实科学发展观，从全国大局着眼，从江西实际出发的生动实践。鄱阳湖是我国第一大淡水湖，由赣江、信江、抚河、饶河、修河五大水系汇成，是全省水运主干线河流。流域面积占全省幅员的 97.2%。鄱阳湖注入长江水量占长江总流量的 15.5%。这个战略构思提出以后，得到了党中央、国务院领导同志的充分肯定，得到了国家有关部委的大力支持，目前，鄱阳湖生态经济区规划正在审核、上报。

二、做好三项工作，江西水运事业再创新业绩

第一，加快九江沿江开发和港口建设。围绕九江"一核、两带、六大板块"的规划布局，重点支持建设九江长江公路大桥、九江至瑞昌高速公路、九江至瑞昌码头镇沿江一级公路、九江绕城高速公路。积极推进九江市城西港区、金砂湾工业园区、新港石化工业基地、彭泽核电基地建设。着力完善沿江开发区域堤防加固、排涝泵站改造、河道疏浚工程和公用码头建设，进一步提升九江港口城市功能，进一步提升我省对外开放水平。

第二，加快鄱阳湖生态经济区规划建设。

一是要大力加强生态建设和环境保护。要统筹湖区及流域上下游、干支流的生态建设和环境保护，突出湿地保护，突出水污染防治，突出生态林建设，突出血吸虫病防治。近期重点实施植树造林“一大四小”工程、县城污水处理工程、乡村垃圾无害化处理工程、水土保持工程和血吸虫病防治工程。

二是大力加强赣江、信江、抚河、饶河、修河等五大河流的治理，鼓励和支持五河流域地区积极培育和发展环境友好型产业。重点是围绕建设“十大产业基地”，积极推动产业生态化改造，突出发展高效生态农业、先进制造业、高新技术产业、旅游商贸等现代服务业。

三是加快推进水利、交通、能源等重大基础设施建设，着力构建调控有力的水利保障体系、高效便捷的综合交通运输体系、清洁安全的能源保障体系。近期重点实施峡江水利枢纽工程、石虎塘航电枢纽工程、泰和枢纽工程、廖坊水利枢纽工程、赣江南昌至湖口二级航道工程、浯溪口水利枢纽工程，同时，积极推进鄱阳湖水利枢纽工程的规划论证工作。

第三，加快建立水运建设投资体制和融资平台。我省将统筹交通建设资金和相关资金用于水运建设，组成“水运基础设施建设专项资金”，作为航道、港口基础设施建设的资本金和水上交通安全监管应急救援体系建设的补助资金，专款专用，逐步扩大资金规模。同时，抓紧组建江西省水运建设有限公司，作为水运建设的投融资平台，代表政府投资、建设、运营、管理公益性水运基础设施。努力拓宽融资渠道，积极探索建立加快水路交通发展的资金保障机制。

总之，我省将认真落实本次会议精神，认真落实李盛霖部长的重要讲话精神，虚心学习兄弟省市的先进经验，同舟共济、密切配合，发挥优势、争创特色，为推进长江黄金水道建设作出新的贡献！

我们热切期盼长江水运发展协调领导小组第三次会议在江西召开，诚恳欢迎各位部委领导、各位兄弟省市领导和同志们到江西光临指导、传经送宝。

谢谢大家！

湖北省副省长段轮一在长江水运发展协调领导小组第二次会议上的发言

（2009 年 6 月 25 日）

各位领导，各位来宾，同志们：

按照会议安排，我结合湖北实际作个简要发言。

一、发挥优势，明确湖北水运发展目标

近几年来，开发长江、建设长江、发展长江引起了社会各界的广泛关注，湖北水运建设取得了较大发展，2007～2008 年，全省完成港航建设投资近 33 亿元，是前 50 年投资总额的 1.5 倍，新增港口吞吐能力 4000 多万吨，提升等级航道 300 多公里。随着国家“中部崛起”战略的深入实施、武汉城市圈“两型社会”综合配套改革的推进以及鄂西生态文化旅游圈的加快建设，长江、汉江沿线产业布局日趋合理。武汉至黄石沿长江钢铁工业走廊、武汉至十堰沿汉江汽车工业走廊、武汉至宜昌沿长江化工工业走廊初步形成。襄樊、宜昌两个省域副中心城市发展势头强劲，武汉、襄樊、枝城 3 个国家级配煤中心依江而建。目前，湖北正在加快承接东部地区产业转移，对水运的依存度进一步加大，这为长江“黄金水道”开发创造了更大的空间，也对水运振兴工程提出了更高的要求。

为充分发挥长江“黄金水道”的优势和作用，我省规划了水运振兴蓝图，提出到 2015 年，基本形成以亿吨级武汉新港为核心，功能完善、布局合理的港口体系；基本形成以 800 公里高等级航道圈为核心，干线畅通、干支直达的航道体系；基本形成以 100 万吨江海直达船为核心，通江达海、结构优化的船舶运输体系；基本形成以 2000 处渡口达标为核心，防控有力、反应迅速的安全保障体系。实现上述目标后，以武汉新港为核心的 51 个港口将成为湖北沿江城市筑巢引凤、提升综合竞争力的重要手段；以 1700 多公里高等级航道为骨架的航道网将成为推动湖北经济合理布局的重要纽带；以 100 万吨江海直达船舶为主体的船舶运输体系将成为湖北发展外向型经济的重要载体；以覆盖重点水域的水路安保体系将成为人民群众安全便捷出行的重要保障。

二、乘势发展，加快湖北水运振兴工程建设

为依托上海国际航运中心和重庆长江上游航运中心建设，加快湖北航运事业发展，按照省委、省政府的要求，省交通运输厅分别与上海市、重庆市有关部门签订了《关于加强沪鄂(渝鄂)航运业交流和合作的协议》，共同推进长江干线水运物流大通道建设。在交通运输部的大力支持下，湖北推进长江黄金水道建设的速度明显加快，港航项目呈集群化、投资主体呈多元化推进，全社会合力共建的特征进一步显现，临港经济对经济社会发展的促进作用明显增强。

一是水运建设项目集群化效应明显。我省采取创新机制突破资金“瓶颈”，破解征地拆迁、移民安置难题，完善配套设施等措施，整合现有资源，推进水运基础建设，实现了港航建设由“各自为战”到“抱团出击”的提升，初步形成了五大产业集群全面开花的局面。以武汉阳逻集装箱二期工程、80万吨乙烯重大件装卸码头、全国稻米中心(武汉)配套码头等为代表的武汉新港建设全面铺开；以宜昌云池港区一期工程、三峡库区童庄河航道整治工程、宜昌三峡煤炭转运中心码头工程为代表的三峡物流中心由酝酿转入实施阶段；以黄石港区棋盘洲一期工程、武穴港件杂货码头工程为代表的鄂东组合港建设开始启动；以赤壁陆水节堤航电枢纽、节堤大坝上游港区开发、陆水河航道整治工程为代表的流域综合开发新模式不断探索；以长江中游航道整治工程、引江济汉通航工程、汉江汉川至蔡甸航道整治工程为代表的800公里高等级航道圈建设速度加快。新一轮的港航建设高潮已拉开序幕，湖北水运的未来充满希望。

二是合力推进、携手共进格局日趋形成。湖北对水运的优惠政策由“口号”变成了现实，投资主体由过去交通部门“一家独唱”变成了政府、企业和交通部门共同负责、协同推进，项目建设由“纸上”落到“地上”，港口发展由滞后建设到资源整合。同时，湖北省设立了支持港航建设的专项资金，武汉、黄石、荆州等地出台了土地、财税支持政策，主动协调解决水运工程建设中的问题。湖北省联合发展投资公司、武汉市经济发展投资公司等融资平台进入港口建设领域。赤壁市政府将税费、土地、资金等各种资源捆绑，成功吸引社会资金建设陆水河节堤航电枢纽工程，形成了政府、社会、企业和交通港航部门合力共建的机制。2006～2008年，地方政府与中小型民营企业投资港航建设的资金8.8亿元，占总投资额的18%；大型企业投资额18亿元，占总投资额的37%。湖北政府投资、地方集资、社会融资的多元化水运融资渠道正在形成，港航建设筹资渠道得到进一步拓宽。

三是水运环境的改善对临港经济的促进作用进一步增强。近几年来，湖北省加强了招商引资力度，引导大运输量产业在沿江临港布局，形成临港工业区、港口物流园区、仓储保税区、加工包装区等多元综合体，打造沿江经济走廊，使之成为湖北经济的增长极。

建立了阳逻港口保税物流中心（A 型），区港联动提升武汉新港集装箱运输的辐射力和吸引力，为湖北及周边省份的外贸经济发展营造低成本、高效率的物流运作平台。高等级航道网络正吸引国内外大型企业临江“筑巢”。目前，80 万吨乙烯、武钢 200 万吨深加工基地等一批投资 5 亿元以上的沿江大项目正在建设，不少大型企业依托港口实施大进大出的规划和项目。武汉市为加快武汉新港的建设，准备依托位于港区的 80 万吨乙烯项目，建设全国最大的塑料制品供应基地；依托葛化集团，接纳主城区化工产业的拆迁转移，发展基础化工产业和精细化工企业；依托阳逻开发区以及武钢江北钢材深加工基地、武船重工等，发展钢铁深加工及机械装备制造业集群。长江黄金水道在串起物流、资金流、信息流的同时，带动了沿线矿产业、建材业、制造业、物流业等产业发展。

三、任重道远，湖北水运发展需要进一步扶持

在看到良好发展态势的同时，我们也清醒认识到影响湖北水运发展的问题仍然较多。主要表现在：航道总里程居全国第六位，但高等级航道里程很短，1000 吨级及以上航道仅 52.49 公里（不含长江），仅占航道总里程的 0.66%；专业化泊位不足，港口机械化程度低，集疏运系统不完善，辐射能力弱；岸线资源的开发利用缺乏统一规划，开发利用的程度低等。

为加快推进湖北水运振兴工程，我省提出了“建设武汉新港、提升汉江航道、打通江汉运河、壮大航运规模”等四大战略重点建设，初步测算投资规模将超过 500 亿元。为此，恳请交通运输部在以下几个方面给予湖北大力支持：

一是大力支持武汉新港建设。对武汉新港及其进港公路、长江中下游航道、武汉航运服务基地等建设予以重点支持，指导重点港口码头工程建设，支持大型航运企业落户武汉，并开辟集装箱直达航班。

二是加快内河高等级航道建设。提升汉江航道、打通江汉运河，连接“两圈”（武汉城市圈、鄂西生态文化旅游圈），繁荣长江、汉江经济带，实现环绕江汉平原的长江—江汉运河—汉江 800 公里千吨级航道圈，需要大量的资金投入。恳请交通运输部对汉江、引江济汉等水运主通道项目建设给予资金支持。

三是加强长江干线航道的管理。将长江下游水尺标准的界限上移至军山大桥水域，改变目前武汉新港实行两个维护水深标准、影响武汉地区船舶运输生产能力发挥的不利局面。

这次长江水运发展协调领导小组会议的召开，是加快落实《“十一五”期长江黄金水道建设总体推进方案》的重要举措。我们相信，在党中央、国务院的正确领导下，在交通运输部的统筹协调下，在沿江 7 省 2 市的共同努力下，长江航运业必将实现更好更快发展，为推动长江经济带乃至全国经济发展作出更大的贡献！

提高对接长江黄金水道能力
为湖南经济平稳较快增长提供有力的运输保障

——湖南省副省长韩永文在长江水运发展协调领导小组第二次会议上的发言

（2009年6月25日）

尊敬的盛霖部长，各位领导、同志们：

在深入学习实践科学发展观，全面贯彻党中央国务院“保增长、扩内需、调结构”，抵御全球金融危机的关键时刻，交通运输部在这里召开长江水运发展协调领导小组第二次会议，共商长江黄金水道发展大计，同谋长江经济平稳较快增长，非常及时，十分必要。刚才，祖远副部长作了两年来的工作总结，兄弟省市领导谈了很好的意见和建议，很受启发。下面，我结合湖南省的实际，作个简要发言。

一、两年来的工作进展

2006年11月21日长江水运发展协调领导小组第一次会议以来，我省认真贯彻会议精神，按照部省市共同签署的《“十一五”期长江黄金水道建设总体推进方案》要求，联系湖南实际，落实“十一五”水运建设任务，研究促进水运发展具体措施，加快推进与长江黄金水道对接能力。

第一，提高认识，营造合力共建的水运发展新格局。抓住国家共建长江黄金水道契机，加快湖南的水运发展，对实施我省“3+5”城市群优先发展战略，推动环湖沿江产业带的形成，促进产业结构升级和外向型经济发展具有十分重要的意义。湖南水运资源丰富，航道里程位列全国第三，湘、资、沅、澧四水及洞庭湖连通全省70%的市县。但与其他兄弟省市相比，湖南水运存量转化成经济增量的优势还不明显，对社会经济发展贡献率不高，迫切需要加快发展水运。多年来，湖南省委省政府高度重视水运发展，已将水运发展提到重要议事日程。近期，周强省长带领省直各相关部门的负责人，组织了水运专题调研，明确提出要把水运发展放在提高湖南经济长远竞争力，实现富民强省目标的高度，将加快水运建设摆在与高速公路建设、农村公路建设同样重要的位置，着力构建政府主

导，多方协作，齐抓共建的湖南水运发展新格局。目前，已经修订完善了《湖南省人民政府关于加快水运业发展的意见》，近期将提交省政府常务会议讨论。《意见》提出了我省水运"十一五"后两年至"十二五"发展目标和主要任务，在组织领导、资金渠道、用地和税费优惠政策以及完善法规体系等方面明确了保障措施，旨在促进湖南水运后发赶超，提高湖南水运对接长江黄金水道能力，加强现代交通立体网络建设，辐射和带动全省经济发展，是我省"十一五"至"十二五"水运发展的指导性文件。

第二，完善规划，合理利用和保护水运资源。根据《"十一五"期长江黄金水道建设总体推进方案》的部署和构建现代交通立体网络的需要，并结合全省经济社会发展的实际，编制完成了《湖南省港口布局规划》、《湘江干线航道发展规划》；相继开展了长沙、岳阳等港口的总体规划，以及《"3+5"城市群综合交通体系规划》编制工作，初步完成全省"十二五"水运建设规划；加强了水运发展规划与城镇体系规划、城市总体规划、土地利用总体规划、江河流域规划、防洪规划、综合交通运输体系发展规划的衔接；发布了《关于加强通航河流上水利水电工程建设管理的通知》，以及《关于加强河道采砂管理确保防洪和通航安全的紧急通知》等规范性文件；以地方性法规的形式颁布实施了《湖南省实施〈港口法〉办法》。

第三，突出重点，加快水运建设步伐。我省"十一五"水路交通重点是加快"2221"工程建设，即整治2段航道（洞庭湖区益阳至芦林潭航运建设工程、湘江衡阳至城陵矶二级航道整治工程），打造2个港口（岳阳港和长株潭港口群），建设2座枢纽（长沙综合枢纽、土谷塘航电枢纽），构建1个系统（全省水上支持保障系统）。目前，岳阳港城陵矶港区（淞阳湖）一期工程已完工并开港，洞庭湖区益阳至芦林潭航运建设工程进展顺利，长沙港主枢纽霞凝港区二期完成扫尾工程并建成投产。长沙综合枢纽项目已完成工程可行性研究，将于今年9月底开工建设，明年开工建设土谷塘航电枢纽，湘江衡阳至城陵矶二级航道整治工程和全省水上支持保障系统前期工作进展顺利。水运基础设施建设筹融资渠道进一步拓展，社会投资港口建设的积极性持续高涨，湘潭电厂煤码头、长沙粮库码头、株洲旗滨玻璃集团码头和岳阳煤代油码头等一批社会资本投资的项目相继建成。随着基础设施的改善，水运通过能力进一步提高，近年来货运量连续保持20%的增长速度。2008年全省完成水路货运量1.15亿吨（占全社会货运量10.7%）、货物周转量283亿吨公里（占全社会货物周转量13.6%）、港口吞吐量1.6亿吨，同比增长40.9%、8.8%、31.7%，均创历年同比的新高。

二、下一步工作考虑

"十一五"后两年及未来一段时期，我省确立的水运发展思路是，围绕促进湖南"两

型”社会建设和经济平稳较快增长大局，加快水运基础设施建设，充分发挥航道出省大通道和港口现代物流枢纽作用，大力提升水运在综合运输能力体系中的比重，增强我省水运竞争力。我们的水运发展目标是，建成以洞庭湖为中心，以长江、湘江、沅水、资水、澧水等水运主通道为骨架，以长株潭港口群和岳阳港等国家内河主要港口为节点，以标准化、专业化、大型化的船舶为载体，以现代化的支持系统为保障的安全、畅通、便捷、高效的内河水运体系。具体来说，要完成以下四项任务。

（一）构建高等级航道网

集中力量建设“3 +5”城市群高等级航道网。“十一五”及“十二五”期间，计划整治内河航道 549 公里，新建航电（综合）枢纽 3 座，新增 2000 吨级航道 439 公里、1000 吨级航道 148 公里、500 吨级航道 471 公里。近期重点是加强洞庭湖益芦航线、湘江衡阳以下 2000 吨级航道建设，加速推进长沙综合枢纽、土谷塘航电枢纽建设，尽快提高湘江和洞庭湖主要干线航道通过能力。

（二）建设功能齐全的港口群

着力打造长株潭和岳阳港两个省级航运中心，夯实我省现代化航运物流平台。“十一五”及“十二五”期间，计划建成 3000 吨级泊位 11 个，1000 吨级泊位 37 个，500 吨级泊位 10 个。

（三）打造结构合理的船舶运力

推进船型标准化工程，着力对我省 50 万吨非标准船舶进行改造，加快运力结构调整，大力发展集装箱、液货、危险品等专业化船舶。到“十二五”末，全面实现干线航道船型标准化，湘江干线货运船舶平均吨位达到 1000 吨，运力新增 100 万载重吨。

（四）完善水运支持保障系统

建立全省水上交通安全指挥中心、水运信息系统、水上安全监控系统、船舶防污染系统、水上应急指挥和救助系统，实现海事“监管效能化、反应快速化、执法规范化、管理信息化”。

我们将按照这次会议共同签署的《关于合力推进长江黄金水道建设的若干意见》的要求，从组织、资金和政策上加以保障，合力推进湖南水运发展。一是由省政府牵头建立和完善水运发展协调联动机制，负责协调解决水运发展中的重大事宜。全省联动，打破部门、行业和地域之间的界限，从部门抓水运向政府、社会合力抓水运转变。二是拓展水运发展筹融资渠道。初步匡算，我省“十一五”后两年及“十二五”期间，水运建设项目规划总投资 179.17 亿元。为保证项目实施，一方面继续加大政府投入，在省财政预算中建立水运发展专项资金，拟从 2009 年起每年至少安排 1 亿元；省交通厅从燃油税转移支付中每年安排 1.5 亿元，每年安排交通统贷统还资金 2 亿元左右，用于我省水路交通基础

设施建设;另一方面进一步优化经营环境,引进战略投资,支持引导港口、水运、运输服务企业做大做强,鼓励通过股份制改造等途径建立现代企业制度,优化资源配置,提高资本运营水平。三是完善扶持水运发展优惠政策。研究制定相关土地、环保政策,明确列入重点工程的水运建设项目享受高速公路建设项目同等优惠政策,自 2009 年起三年内暂免全省水路交通系统事业性收费价格调节基金。

三、几点建议

(一)国家应继续投资内河港口建设

国家试行基本建设项目资本金制度以来,我省充分发挥交通运输部补助资金的引导作用,积极鼓励多元投资港口建设,对促进全省港口快速健康发展起到了重大作用。但湖南水运历史欠账较多,投入不足,设施滞后,特别是具有社会公益性的集装箱多用途、散货等码头能力严重不足,泊位的吨级结构不合理,不适应船舶大型化、运输规模化的发展趋势。因内河港口不同于沿海港口发展进程,如果国家取消对所有港口的投资,将使内河港口发展更加落后于沿海港口的发展。因此,国家在内河港口发展的起始阶段,不宜取消对内河港口建设的投资支持,建议继续适当投资内河公益性港口建设。

(二)畅通长江中游航道,加快岳阳至武汉航道建设

岳阳港是我省唯一对外开放口岸,同时也是长江最上游的口岸,建有 5000 吨级的外贸码头,现已开通对台航线,该口岸对促进我省外向型经济发展具有重要作用。目前,长江武汉至岳阳段航行条件不能满足 5000 吨级海轮通行要求,建议国家尽快对长江中游航道进行大规模整治和建设,提高航道等级,改善通航条件,确保 5000 吨级海轮常年进出岳阳港。

(三)建立统一的长江水运市场,促进长江流域水运全面协调发展

建议国家加快建立长江公共水运信息平台,加强信息交流,培育“统一、开放、竞争、有序”的长江水运市场,统一市场准入、安全监管和船型标准,规范市场监管行为,改善航运市场环境。推进加强流域合作,共同探索土地、岸线、能源和建筑材料等科学合理利用的有效途径,共享长江水道建设中水运资源保护、航电枢纽建设、航道整治、疏浚土利用等重大项目和关键技术的研究,大力发展水运循环经济。

各位领导、同志们,在当前受国际金融危机影响的特殊时期,我们将在党中央、国务院的统一领导下,在交通运输部等中央有关部委的大力支持下,与长江沿线兄弟省市一道,同舟共济,携手共进,推进长江黄金水道建设,共同开创长江水运和经济社会和谐发展新局面。

谢谢大家!

以黄金水道为依托
加快推动长江上游航运中心建设

——重庆市副市长凌月明在长江水运发展协调领导小组第二次会议上的发言

（2009 年 6 月 25 日）

尊敬的盛霖部长，各位领导，同志们：

刚才，祖远副部长就近年来建设长江黄金水道的工作进行了全面总结，下午盛霖部长还将作重要讲话，重庆市政府一定认真贯彻落实部领导的重要指示。兄弟省市的领导也讲了很好的意见和建议，值得我们学习借鉴。下面，结合重庆实际，我作个简要汇报。

一、紧紧抓住长江黄金水道建设有利时机，重庆水运行业得到了快速发展

产业向条件优越的特定地区聚集，优先向条件优越的沿河沿岸布局，是世界经济发展的主要特征和趋势。依托长江黄金水道形成的长江经济带，聚集了我国 40% 以上的经济总量，是我国最富活力和竞争力的区域之一。重庆作为长江上游地区经济中心，直辖以来的快速发展得益于长江黄金水道的区位优势，更十分重视黄金水道的建设。多年来，特别是交通运输部召开第一次合力建设长江黄金水道座谈会议后，在国家的大力支持下，在兄弟省市的通力协作下，我们利用三峡工程建设等重大历史机遇，加快推进长江上游航运中心建设。2007 年，重庆市委、市政府作出了《关于充分发挥长江黄金水道作用，进一步加快建设长江上游航运中心的决定》，并决定每年从市财政安排 2 亿元作为水运发展专项基金。2008 年，重庆市委、市政府作出了建设“畅通重庆”的决定，提出“将长江黄金水道建设成为西部内陆出海主通道”。目前，重庆水运已呈现出快速发展之势，重庆港已从门户港逐步发展为长江上游地区的枢纽港，水运对经济社会发展的服务保障作用也日益显著。

一是水运基础设施建设进展明显。2006 年至 2008 年，我市水运建设累计完成投资 85 亿元，寸滩、万州江南集装箱码头，涪江富金坝、嘉陵江草街航电枢纽等一批水运基础设施项目相继开工、改造、建成投产。内河航道通过能力得到大幅提升，规模化、专业化

货运码头年通过能力占重庆港的比例，由三峡工程蓄水前的10%提高到42%。目前，重庆港货物年通过能力达到9500万吨，集装箱年通过能力100万标准箱。船舶标准化得到较快推进，运力结构得到优化。2008年，全市在长江干线行驶的货运船舶平均吨位达到1400吨以上，普通客运船舶已逐步被一批具有国际品质的内河豪华游轮替代。

二是水路运输持续高速增长。2006年以来，水路货运量、货运周转量、集装箱吞吐量等水运指标年均保持两位数以上的高速增长。2008年，水运年综合产值达200亿元，云贵川等周边省市中转量约占全港货物吞吐量的35%。水运货运平均运距达到1268公里，成为铁路、公路、水路运输体系中平均运距最长的运输方式。

三是水运服务经济的能力逐步凸显。我市90%以上的外贸物资通过水运完成，水运货运周转量占全社会货运周转量的68.4%。我市装备制造、石油化工、材料工业等支柱产业对水运依存度越来越大。水运也成为我市对外开放的重要途径，中远、中海等国内航运企业在重庆设立了子公司，丹麦马士基等世界著名航运企业前20强也在重庆设立了代办处或分公司，重庆集装箱物流业务的国际范围进一步拓展。

四是水运安全形势持续向好。2003年以来，通过加大安全投入，实施客渡船标准化改造等措施，安全形势逐年好转并总体趋于稳定。截至目前，已连续71个月未发生一次性死亡10人以上的事故，是新中国成立以来水运安全最好的时期。

重庆水运行业取得的进步，离不开交通运输部和国家有关部委的大力指导和关爱，离不开兄弟省市的密切配合与支持。借此机会，我谨代表重庆市政府对交通运输部和国家有关部委的各位领导以及长江沿线各兄弟省市，长期以来对重庆改革发展特别是水运行业发展给予的关心、帮助表示最衷心的感谢！

二、切实贯彻落实国家战略部署，加快将重庆建设成为长江上游航运中心

（一）重庆建设长江上游航运中心，是党中央、国务院的战略部署

将重庆建设成为长江上游航运中心，既是重庆经济社会快速发展的迫切需要，更是党中央、国务院作出的一项国家战略部署。2007年全国“两会”期间，胡锦涛总书记明确提出“努力把重庆建设成为西部地区的重要增长极，长江上游地区的经济中心和城乡统筹发展的直辖市，在西部地区率先实现全面建设小康社会”的战略部署。2007年6月，国家批准重庆成为全国统筹城乡综合配套改革试验区。今年1月26日，国务院又下发了《关于推进重庆市统筹城乡改革和发展的若干意见》（国发〔2009〕3号），明确要求重庆市要充分发挥黄金水道优势，加快推动长江上游航运中心建设。党中央、国务院的决策部署，为重庆建设长江上游航运中心指明了方向。

（二）重庆建设长江上游航运中心，具有五个方面的有利条件

一是家宝总理近期就充分发挥长江黄金水道优势、带动两岸经济社会发展作出重要批示，长江黄金水道建设又将迎来新的发展机遇。二是具有承东启西、连南接北，地处我国地理中心，经济腹地广阔的区位优势。三是具有由高速公路、铁路、航空、水运等构成的综合交通运输网络。四是具有以汽车摩托车、石油天然气化工、装备制造、材料工业和电子信息为支柱的产业条件。五是随着重庆内陆开放高地、长江上游金融中心、“两江新区”、内陆唯一保税港区——两路一寸滩保税港区的加快推进，为进一步提升重庆的航运服务能力提供了强大的动力和支撑。

（三）借鉴国际经验，将重庆建设成为具有内陆特色的长江上游航运中心

目前，国际航运中心主要有三种类型，即：以伦敦为代表的兼具以提供航运服务和市场交易服务为重要内容的服务型国际航运中心，以鹿特丹为代表的以直接经济腹地为主要服务对象和本国外贸直达运输服务为主的腹地型国际航运中心，以新加坡为代表的以国际货物中转及其相关服务为主的中转型国际航运中心。

借鉴腹地型、中转型与服务型三种类型航运中心的经验，结合自身实际，重庆初步考虑建设具有内陆特色的长江上游航运中心。具体为：以重庆为核心，连接国际市场，服务西部地区，依托长江黄金水道和四通八达的综合交通运输网络、航线稠密的集装箱枢纽港和内陆保税港区等硬件设施，实现航运产业要素聚集、航运服务体系完善、航运市场规范、物流服务高效的目标，并以航运产业作为核心纽带，服务于长江上游渝、川、贵、云、陕南、藏东、青南、甘南、鄂西等相关区域，促进相关产业合理布局，成为相关资源最佳配置的国际化港口大都市。到2012年，初步形成长江上游航运中心框架。到2020年，全面建成长江上游航运中心。

（四）重庆建设长江上游航运中心，将重点抓好以下工作

第一，继续加大对水运发展的支持和扶持力度。每年继续从市级财政安排水运发展专项资金，并逐年增加；进一步研究出台加快水运发展的优惠和扶持政策。

第二，按照部市黄金水道总体方案和长江上游航运中心推进计划，进一步加快港航基础设施建设。重点推进三项工作：一是按照港口、物流、工业园区三结合的原则，加快推进布局在核心物流节点和黄金岸线上，对区域经济发展具有重要带动作用的集装箱等专业化、规模化、集约化码头建设。二是利用国家即将实施《长江干线航道总体规划纲要》的机遇，加快乌江、嘉陵江等重要支流航道整治，以促进干支联动。三是按照交通运输部加快推进长江干线船舶标准化的安排部署，加快推进我市船舶标准化进程，大力发展以集装箱运输为主的多式联运体系，促进旅游客船上档升级。

第三，完善航运服务中心服务体系。利用“重庆两路—寸滩保税港区”的政策优势，

推进重庆航运与口岸服务中心建设，提升我市航运和口岸服务水平。

三、对合力推进长江黄金水道建设的几点建议

（一）继续加大对长江黄金水道建设的投资力度。建设黄金水道、促进长江经济发展是贯彻落实科学发展观的重要举措，有利于改善西部地区的出海交通条件，降低物流成本，促进经济社会快速发展。建议：国家对长江黄金水道建设重点项目在资金投入上予以倾斜，在“燃油税”返还中增加内河建设资金额度，加大对能形成西部地区水运网络的乌江、嘉陵江等支流航道整治的支持力度，继续支持西部地区重点港口建设。

（二）由于历史和体制原因，沿江综合交通运输体系各种运输方式之间的衔接存在一些问题，影响黄金水道优势的发挥。建议：国家制定长江流域综合运输体系规划，推进水运、公路、铁路、航空、管道等各种运输方式的“无缝衔接”和“零换乘”，积极发展多式联运，打造沿江一体化交通运输网络，积极适应国家调整和振兴物流业规划的实施。

（三）加快长江中游航道整治，解决中游航道瓶颈问题。通过交通运输部及国家相关部委的努力，长江下游和上游通行能力得到大幅度提高，但是长江中游荆沙段由于水深不够、航道不稳定，严重降低了通航保证率，影响了长江黄金水道整体效益的发挥。建议：按照国家已批准的《长江干线航道总体规划纲要》，尽快实施对中游航道的整治工作。

（四）研究解决影响航道安全的库区地质灾害隐患。三峡工程蓄水后，库区受水位上涨影响，以前从未被淹的库岸逐步被淹没，大大加大了崩岸、滑坡等地质灾害发生的频率，严重威胁航道和过往船舶安全。建议：国家相关部委从技术、资金和机制上研究解决影响航道的库区地质灾害隐患的防治工作。

尊敬的盛霖部长、各位领导，我们坚信，在党中央、国务院的坚强领导下，在交通运输部和国家有关部委的大力支持下，在沿江兄弟省市的通力协作下，黄金水道的建设将取得新的更大进步，奔腾不息的长江必将对沿江经济社会的发展发挥更大的作用。谢谢大家！

统筹规划　干支联动　推动长江黄金水道加快建设

——四川省副省长王宁在长江水运发展协调领导小组第二次会议上的发言

（2009 年 6 月 25 日）

尊敬的盛霖部长，各位领导、同志们：

受蒋巨峰省长委托，我谨代表四川省人民政府，向交通运输部长期以来对四川经济社会发展的关心支持表示衷心的感谢，向各兄弟省市对我省抗震救灾及灾后恢复重建的无私援助表示崇高的敬意！

下面，根据会议安排，我就加快长江黄金水道建设有关情况作简要发言。

一、近年来的主要工作

一直以来，我省高度重视长江黄金水道开发建设。特别是近年来，我们坚持把长江黄金水道作为四川构建西部综合交通枢纽、建设西部经济发展高地的重要战略资源，加快开发建设步伐，推动区域经济社会发展。

（一）立足资源，准确定位发展战略

四川水运资源丰富，长江、嘉陵江、岷江构成“一横两纵”高等级航道主骨架，优良岸线可支撑建设 1000 万标准箱以上规模的集装箱港口群，开发潜力和发展空间巨大。为此，四川将依托长江—岷江，建设川南泸州—宜宾—乐山港口群，形成长江上游集装箱枢纽港、重特大件装卸港和大宗散货中转港，完善集疏运网络，形成由成都经济区经岷江、长江至上海的集装箱多式联运通道。依托长江—嘉陵江，建设川北广元—南充港口群，形成长江经嘉陵江延伸至西部内陆地区的水运枢纽，为建设西部综合交通枢纽提供支撑。

（二）统筹规划，科学绘制发展蓝图

按照构建西部综合交通枢纽的总体要求，我省以“开放水运、现代水运、和谐水运”为发展理念，以合理利用和有序开发水运资源、推进形成西部综合交通枢纽和现代物流中心为总目标，以提高出川水运通道能力为基础，以加快主要港口建设为重点，以强化铁路、公路和水路有效衔接、完善港口集疏运网络为保障，重新制订了《四川省内河水运发

展规划》，编制完成了《泸州—宜宾—乐山港口群布局规划》和泸州、宜宾、乐山、南充等港口建设规划。根据规划，2012 年全省港口集装箱吞吐能力将达到 150 万标箱，水运四级以上航道达到 1066 公里；2020 年建成“一横两纵六线”航运网络，四级以上航道通航里程力争达到 2381 公里。

（三）创新机制，加快推进水运建设

一是创新建设模式。突破传统的仅由交通部门全面主导建设、投资渠道单一、建设速度缓慢的局面，大力推行省市共建、政府企业共建、多家企业共建等建设模式，吸纳利用社会资本、外资进入水运建设市场。二是创新投融资机制。已组建完成四川发展控股公司，正抓紧组建四川交通投资集团公司，充分发挥投融资平台的杠杆作用，广泛吸纳社会资本参与水运建设发展，引进上海港集团公司等企业参与港口建设。三是创新工作机制。超前准备、整合力量、集中攻关，经过努力，四川长江黄金水道建设取得了明显成效，长江干线宜宾以下全线实现千吨级船舶昼夜通航。嘉陵江已建成马回、东西关、红岩子、桐子壕、金银台、新政等 6 级航电工程，渠化四级航道 280 公里。岷江综合开发进程加快推进，目前已经确定了梯级开发项目业主。泸州港多用途码头二期工程于今年 6 月完工投产试运行，集装箱吞吐能力达到 50 万标准箱。设计吞吐能力 50 万标准箱的宜宾港志城作业区一期工程已开工建设。

二、下一步工作安排

今年 5 月，省委、省政府召开了建设西部综合交通枢纽工作会议，提出到 2012 年，建设包括长江航道在内的 21 条进出川水陆大通道。2 月和 6 月初省政府召开了全省交通工作会议和加快交通重点项目建设工作会议，对加快长江黄金水道建设等重点交通项目作了具体安排部署。今后一段时间，我们将重点抓好四个方面的工作。

（一）突出枢纽，注重水运发展与综合交通枢纽的统筹配套

省委、省政府明确提出构建以成都为主枢纽、12 个区域性次级枢纽及 8 个节点城市组成功能完善、层次分明的西部综合交通枢纽。对于泸州、宜宾、乐山、南充、广元等水运资源优势明显的区域性中心城市，将突出水路运输特色，强化大吨位、集装箱码头建设，加快形成交通方式齐全的区域性次级枢纽，支撑西部综合交通枢纽构建。2011 年，我省将建成泸州港二期续建工程和宜宾港志城作业区一期工程，使全省集装箱年吞吐能力达到 150 万标准箱，并大力推进乐山、南充、广元等港口重点项目建设。

（二）畅通通道，注重长江黄金水道干流与支流的协调推进

努力推进岷江—长江、嘉陵江—长江两条水运出川大通道建设，提升航道通行能力，实现干支互动、通江达海。在交通运输部的大力支持下，完成长江上游水富至宜宾段三

级航道整治工程；加快嘉陵江渠化开发进程，力争2010年实现川境段苍溪以下全面渠化，达到四级航道标准；启动岷江航电综合开发，建设老木孔、东风岩、犍为、龙溪口四个梯级和下游81公里航道整治工程，达到三级航道标准；适时启动沱江、渠江、涪江整治。

（三）完善网络，注重水运与其他运输方式的有效衔接

加强港区与陆上主要通道的对接，加快推进成自泸（成都—自贡—泸州）、乐宜（乐山—宜宾）、宜泸渝（宜宾—泸州—重庆）等高速公路建设，协调推进成贵（成都—宜宾—贵州）、隆黄（隆昌—黄桶）铁路建设，配套建设主要港口进港运输通道，重点完善港口集疏运网络，强化多种运输方式之间的优化组合和优势互补，实现水运与重新规划后的公路网、铁路网“无缝衔接”，形成便捷畅通、安全高效的以集装箱运输为主的多式联运。

（四）拓展功能，注重水运与沿江临港经济的协调发展

充分发挥水运成本低廉的优势，加快水运物流业及相关产业的发展。依托港口，重点建设泸州临港示范区、泸州高坝工业园区、宜宾白沙工业集中区等临港工业园区，吸引化工、机械制造、食品饮料、轻工纺织、新能源新材料等产业沿江临港聚集，促进区港联动、港城互动。依托黄金水道和交通枢纽，打造经济发展极和发展轴，变“交通走廊”为“经济走廊”。

三、几点建议

长江水道是大自然赋予我们的宝贵财富，也是沿江各省市加强合作交流的纽带。在合力共建长江黄金水道的进程中，我省做了一些工作，取得了一定成效，但也有一些困难和问题需要交通运输部和兄弟省市共同努力解决。为此，提两点建议：

（一）建议适时提升长江叙渝（宜宾至重庆）段航道通过能力

结合小南海、溪洛渡等枢纽建设，交通运输部将长江水富至重庆航道远期规划为一级航道标准，近期按照三级标准建设。鉴于长江上游金沙江、大渡河大型水电枢纽的建设情况，2015年，调节库容近300亿立方米，可平均增加约1600个流量，对长江上游枯期具有重大的补水作用。为满足云、贵、川地区经济社会发展的迫切需求，建议结合上游支流和干线大型水电枢纽建设，适时提升长江干线航道叙渝段通过能力。

（二）建议加大长江黄金水道建设投入

高标准、大规模的内河航运建设在国内起步较晚，投入不足，特别是长江上游西部地区资源富集，但经济能力相对较弱，水运建设发展滞后。为有利于长江黄金水道上、中、下游协调发展，建议交通运输部加大内河港口、航道、船舶标准化建设等方面的支持力度和资金投入，并向我省和西部地区倾斜。

各位领导、同志们，加快长江黄金水道建设意义重大，使命光荣。我省将认真贯彻落实本次会议精神，按照交通运输部的统一部署，加强与兄弟省市交流合作，合力推进长江黄金水道建设，促进沿江经济社会加快发展。

谢谢大家！

推进长江水运协调发展　实现流域经济共同繁荣

——云南省人民政府副秘书长王俊强在长江水运发展协调领导小组第二次会议上的发言

（2009 年 6 月 25 日）

自 2006 年 11 月长江水运发展协调领导小组第一次会议以来，在交通运输部的组织协调下，在沿江七省二市的共同努力下，长江水运进入了新的发展时期，服务能力和服务水平显著提高，有力地促进了沿江经济社会的全面协调和可持续发展。当前，受国际金融危机深化蔓延等各种国内外因素影响，长江水运发展正面临新的形势。按照新形势和新任务的要求，全面总结两年来长江水运发展成绩，交流建设管理经验，研究加快长江水运发展的政策措施，出台合力推进长江黄金水道建设的若干意见，非常及时，十分必要。按照会议安排，我现就云南省参与金沙江—长江水运开发建设有关情况和需帮助协调解决的有关问题作一简要汇报。

一、云南参与金沙江—长江水运开发总体工作进展情况

金沙江在云南省境内长 1650 公里，约占长江总长的 1/4。该河段覆盖我省沿江的迪庆、昭通等六个州市约 1350 万人口（其中，贫困人口约占 1/3），属全省交通最为不便、经济最为贫困的少数民族聚居地区。按科学发展观要求和建设资源节约型、环境友好型社会的实际需要，结合水电开发，全面建设发展金沙江—长江水运，有利于加快沿江地区实现跨越式发展的步伐，对带动沿江经济发展，特别是推进上游老、少、边、穷地区脱贫致富，实现区域内经济社会协调发展具有十分重要的作用。

云南省委、省政府高度重视金沙江—长江水运发展。近年来，我省按照第一次长江水运发展协调领导小组会议的统一部署和国家关于"延上游、畅中游、深下游"的总体要求，本着长远规划、逐步推进，航电结合、协调发展，服务大局、持续发展原则，积极参与长江黄金水道合力建设工作并取得了一定成效。

一是组织领导得到加强。2005 年 11 月，国家在北京召开了合力建设长江黄金水道座谈会。根据会议要求，我省及时成立了金沙江—长江航运协调领导小组。领导小组由分管副省长为组长，省直有关部门的负责同志为成员，总体负责金沙江—长江水运发展

的组织领导和指导协调，有力地促进了金沙江—长江水运的建设发展。

二是配套政策措施进一步完善。针对我省水运事业发展面临的水资源综合利用矛盾突出、土地成本提高、环境容量缩小、建设审批难度加大等突出问题，省人民政府于2008年8月专题研究部署加快水运发展各项工作，并制定了《关于加快水运事业发展的若干意见》。《意见》明确了我省加快水运发展的指导思想和目标任务，建立了稳定的水运发展资金来源渠道，完善了扶持政策措施，为全省水运事业发展特别是金沙江—长江水运建设创造良好的环境条件。

三是金沙江航运发展规划编制工作已全面完成。近年，随着国家"西电东送"战略的深入实施，位于我省的向家坝、溪洛渡等大中型电站相继开工建设，金沙江梯级水电开发步伐加快。结合金沙江水电开发，我省及时启动了金沙江航运发展规划编制工作，同时就规划实施中的关键技术和重大难题进行研究，以支持规划编制工作的开展。目前，云南省金沙江航运发展规划已通过专家审查，即将全面启动实施。

四是水富港建设进度进一步加快。水富港是云南省与长江水运主通道对接的重要枢纽港口，是金沙江和长江水运的交接点，是GZ40国道主干线、内江—昆明铁路与金沙江—长江水运的交汇点。按"长江第一港"的要求规划建设水富港，对延伸长江干线航道，充分发挥金沙江—长江水运功能具有积极作用。按照长江水运发展协调领导小组第一次会议要求，我省及时启动了水富港扩建工程，规划建设3个千吨级泊位和相关配套设施。目前，水富港建设资金已基本落实到位，扩建主体工程已经完工，机械设备安装和陆域配套工程建设正抓紧推进，年内即可投产运行。

二、当前面临的主要困难及需帮助协调解决的有关事项

虽然我省推进金沙江—长江水运发展取得了一定成效，但受地方财力和经济发展水平制约，工作中也面临一些困难和问题，需要交通运输部帮助协调解决。

一是继续支持水富港建设。金沙江水富港地处我国典型的贫困山区昭通市，当地经济社会发展滞后、财政困难，自我发展能力薄弱。近年来，中央和省级财政对港口建设给予了一定资金补助，但项目建设所需资金仍主要以商业贷款为主。目前，因受世界金融危机蔓延深化和向家坝电站截流断航双重影响，金沙江水运运量和港口吞吐量急剧减少，港口经营十分困难，还贷压力很大。鉴此，恳请交通运输部2010年继续安排一定资金对水富港扩建工程建设给予适当补助。

二是加快长江水富—宜宾段三级航道建设协调推进力度。按照长江水运发展协调领导小组第一次会议的要求，长江干线水富—重庆段三级航道正逐段建设。据了解，目前，重庆至泸州航道建设工程已基本完工，并于2006年7月先行实现了全线昼夜通航；

泸州至宜宾航道建设也已于2007年3月全面开工;宜宾以下干线航道已于2008年9月全部实现了船舶夜航。但宜宾至水富段30公里干线航道上延工程因受环境影响评价等制约,前期工作进展不理想。按目前的工作进度,我省水富港按千吨级船舶停靠作业要求年内投产后,因航道制约,仍只能保证300吨级船舶常年通航,难以及时有效发挥港口功能作用。鉴此,恳请交通运输部加强协调,加快宜宾—水富段三级航道建设进度,实现航道、港口同步建设,满足当前长江运输船舶大型化、标准化的发展要求,进一步推进我省与长江沿岸经济带的协调发展。

三是进一步加大长江干线航道上延工作力度。金沙江多为滇川两省界河,干流梯级水电开发主要由中央直属企业负责。在向家坝电站建设的截流断航翻坝转运等工作中,因交通运输部有力的指导协调,各相关工作顺利推进并已取得了良好成效。鉴此,我省建议将长江水富—宜宾段航道纳入长江航务管理局、长江航道局、长江海事局、长江航运公安局等交通运输部直属机构工作职责范围,实施统一建设、统一养护和统一管理。同时,建议由交通运输部牵头负责向家坝电站运行调度、升船机建设协调工作,待升船机等建成投产后,将向家坝升船机及其上游库区航道也纳入长江干线航道统一管理范围,以进一步建立健全长江水运建设发展管理机制,扩大长江航运对上游地区的辐射受益范围。

四是进一步加大对金沙江沿岸渡口渡船改造的扶持力度。金沙江流域是我省综合交通比较落后的地区之一,沿江地区各族群众主要依靠渡运解决出行和生产生活需要。由于我省水运建设资金短缺,目前金沙江流域尚有150多道渡口需要改造,深入开展渡口渡船专项整治工作的难度很大。为此,恳请交通运输部对我省金沙江流域渡口、渡船整治工作补助经费安排给予适当倾斜,确保沿江流域各族群众"乘放心船,过安全渡",促进当地经济社会发展。

长江黄金水道建设对云南具有巨大的现实意义和深远的战略意义,我们愿意在交通运输部统一指挥、协调、部署下,与下游兄弟省市密切合作,共同努力,积极推进长江水运的发展。

充分发挥长江黄金水道优势　加快上海国际航运中心建设

——上海市副市长沈骏在长江水运发展协调领导小组第二次会议上的发言

(2009 年 6 月 25 日)

今天在交通运输部的组织下，长江沿线七省二市和浙江、山东、贵州三省的领导，聚首“江淮首郡、吴楚要冲”，共商长江黄金水道建设之策，共谋长江黄金水道发展之计。我代表上海市政府，就上海落实《“十一五”期长江黄金水道建设总体推进方案》、依托长江水道、服务长江流域和加快上海国际航运中心建设等方面的工作情况作一简要汇报。

一、中央部门、地方政府通力合作，大力推进水运联动发展

在交通运输部的组织指导下，长江沿岸省市加快了政府部门和港航企业的合作步伐。去年以来，上海港进一步加强了与长江流域港口的合作：与宜宾、重庆两港签订了集装箱码头项目投资协议；投资 4.4 亿元建设年通过能力 30 万标箱的九江港城西港区集装箱码头，投资 2.4 亿元建设的九江港物流园区已于 2008 年底顺利投入运营。目前在长江沿线，上海港与当地合资合作的企业已经超过 20 家，业务范围辐射长江沿线所有省市。2009 年 5 月，沪鄂交通主管部门确定了共同推进长江黄金水道建设的目标、任务，签订了关于加强沪鄂航运业交流与合作的框架协议。

推进江海联运，是发展长江内河水运、发挥长江黄金水道作用的要求，也有利于促进上海国际航运中心建设、大力发展水水中转业务。2005 年 12 月 10 日，上海完成了江海联运的 ATB 船型和运营模式的研究，并以此开通了外高桥至洋山的穿梭巴士航线。2008 年 5 月 31 日，国家海事部门颁布《特定航线船舶安全管理实施办法》，经海事主管机关认可，已经开通了符合规定的内河集装箱船舶直达洋山深水港的航线。

二、加快港航基础设施建设，积极完善内河集疏运体系

在交通运输部与上海市联合批准《上海内河航运发展规划》的基础上，上海积极推动内河“一环十射”高等级航道网的规划落地，以及主要航道的详细规划制订工作，并将航道建设规划纳入了上海城市规划控制范围。通过对航道建设资金筹措方案的深化研究，

明确了上海市内河航道的投资、建设主体。2005 年 12 月，赵家沟航道整治工程正式开工，标志着上海“十一五”内河航道整治工程全面启动。目前，从外高桥、芦潮港至江苏、浙江的高等级内河航道网工程已经全面展开建设，赵家沟航道、大芦线航道一期（临港新城段）、黄浦江分水龙王庙至大泖泾河口航道、苏申外港线航道（上海段）整治工程均已全面开工，杭申线航道（上海段）整治工程也将于今年开工建设。

为了提升上海港的吞吐能力，更好地为长江黄金水道服务，上海进一步加快了港口建设步伐。洋山深水港区一期工程于 2005 年 12 月 10 日开港运行；2008 年 12 月 6 日，洋山深水港北港区主体工程全面建成投入使用。目前，小洋山已经形成了 5600 米码头岸线，有 16 个 7 ~ 10 万吨级的大型集装箱深水泊位。2008 年，洋山港区完成集装箱吞吐量 823 万标准箱，较上年增长了 35%，其中完成水水中转箱量 395 万标准箱，占总箱量的 48%。全年靠泊船舶约 9700 艘次，其中完成干线集装箱船舶装卸约 3300 艘次，航班密度达到每周 36 班。外高桥六期工程也已经全面开工建设。目前，外高桥码头已经形成了 4800 米码头岸线，有 16 个 10 万吨级的大型集装箱深水泊位的深水港区。2008 年，外高桥港区完成集装箱吞吐量 1540 万标准箱，其中完成水水中转箱量 472 万标准箱，占总箱量的 31%。全年靠泊船舶约 48000 艘次，其中完成干线集装箱船舶装卸 7760 艘次，航班密度达到每周 149 班。

三、依托长江黄金水道，促进上海国际航运中心建设

今年 4 月，国务院下发了 19 号文件，明确要求要“基本形成以上海为中心、以江浙为两翼，以长江流域为腹地，与国内其他港口合理分工、紧密协作的国际航运枢纽港”。对此，我们深刻认识到，没有长江流域的广阔腹地，没有长江沿线省市的大力支持，就不可能有上海国际航运中心的建设，更不可能在“2020 年，基本建成航运资源高度集聚、航运服务功能健全、航运市场环境优良、现代物流服务高效，具有全球航运资源配置能力的国际航运中心”。

这些年来，正是在交通运输部的指导下，依托长江黄金水道，上海的港口集疏运能力才有了大幅提升。2008 年上海港货物吞吐量完成 5.82 亿吨，继续保持世界第一；集装箱吞吐量完成 2800.6 万标准箱，位列世界第二；全年引领各类中外船舶达 6.19 万艘次。同时，上海大力推进航运服务集聚区建设，航运要素体系框架初步形成，这也为长江流域的联动发展创造了条件。2008 年底，入户上海的国际性海上运输及辅助经营单位超过 1000 家，跻身世界同行十强的中海集团、中远集运等大型航运公司总部设立于上海，全球前 20 家班轮公司、世界上最大的 8 个船级社也都分别在上海开设了分公司或代表处。上海国际航运服务中心集海关、检验检疫、海事、边检、报关企业、货代船代企业于一体，

实施一门式服务，改善了口岸服务环境，也提高了口岸服务效率。

四、进一步加强沟通合作，促进共同发展

在交通运输部的领导协调下，在沿江七省二市的共同努力下，第一次领导小组会议达成了《“十一五”期长江黄金水道建设总体推进方案》，这次会议又将签署《关于合力推进长江黄金水道建设的若干意见》。这两个文件，必将为促进长江航运的全面进步和协调发展打下坚实基础，必将为长江流域等区域经济的发展提供更加有力的支撑。上海将积极在推进过程中，更好地发挥黄金水道作用，更好地为长江流域发展服务。为此，提出以下建议：

一是进一步完善各省市交通、港航管理部门的沟通机制，在交通运输部的指导下，更好地发挥行业管理部门的作用，确保《关于合力推进长江黄金水道建设的若干意见》的贯彻落实。

二是进一步加强各地港航企业的战略合作，注重以资本为纽带，拓展港航投资合作领域，支持各地港航企业相互投资参股，加快长江沿线港口等航运基础设施及航运市场等建设。

三是进一步加强港航信息平台共建共享，在统一技术标准的前提下，启动建设长江干线港口电子数据交换系统，逐步实现长江沿线港口信息共享、业务对接。

四是进一步推动长江沿线港口至洋山港之间的江海直达运输。上海港建立支持长江沿线集装箱运输的便捷通道，为长江沿线航运企业在上海开辟新内支线提供靠泊、装卸、储运、中转方面的优质服务；同时，在交通运输部的支持下，加快江海直达船型标准的研究和推广，促进长江沿线港口至洋山港江海直达航线的规范化、常态化。

五是进一步加快长江沿线港口至洋山港出口货物的启运港退税政策试点工作。通过完善相关监管措施，争取尽早实施启运港退税政策，使长江沿线出口企业得到切实的实惠，实现共赢发展。

六是进一步推进现代航运服务业发展。建立和完善航运要素市场，发展航运金融、航运保险、航运代理，完善和提升航运交易所的功能，建立和完善航运各相关指数体系，提升和扩大海事司法、海事仲裁等海事服务水平，建设口岸联检信息共享平台。制定优惠政策措施，引进港航企业总部和各类航运中介组织，尤其要引得进、留得住。发挥好航运人才的作用，部市合作办好上海海事大学，提高科研、教育水平，为各地区、各港航企业大量输送航运人才。

在交通运输部和沿江各兄弟省市的共同努力下，一个合力开发建设长江黄金水道的良好机制已经形成。在这“蜀山回出千螺绣，淝水长萦一带回”的美丽合肥，通过长江水运发展协调领导小组第二次会议，长江黄金水道建设一定会站在一个新的起点，取得更多、更丰硕的成果。

合力加快黄金水道建设　促进经济社会协调发展
——江苏省副省长曹卫星在长江水运发展协调领导小组第二次会议上的发言

（2009年6月25日）

在全国上下认真贯彻落实中央“扩内需、保增长”的各项决策部署，促进经济平稳较快增长的重要时刻，交通运输部召集沿江七省两市在这里召开长江水运发展协调领导小组第二次会议，共同签署《关于合力推进长江黄金水道建设的若干意见》，对加快推进长江黄金水道建设，促进沿江经济平稳较快发展具有重大意义。

一、合力推进黄金水道建设取得积极成果

2006年11月，交通运输部和沿江七省二市人民政府在南京召开第一次长江水运发展协调领导小组会议，共同印发了《“十一五”期长江黄金水道建设总体推进方案》。我省认真贯彻落实会议精神，按照“统筹规划、合理布局、联动开发、共同发展”的原则，与长江沿线省市加强合作，进一步加快江苏沿江发展，为江苏及长三角地区经济平稳较快发展发挥了重要作用，取得了显著成就。

（一）江苏沿江经济地位更加突出

2008年江苏全省地区生产总值突破3万亿元、外贸进出口总额3923亿美元、实际利用外资257.2亿美元，分别比2006年增长40%、38%、48%。其中沿江8市地区生产总值、进出口总额、实际利用外资占全省的85%、97%、95%，占长三角的36.6%、43.1%、54.5%，在江苏经济社会发展中的地位和作用十分突出。依托长江黄金水道，我省沿江地区集中了70多个省级以上开发区及近20个国家级开发区，初步形成装备制造、化工、冶金、物流四大产业集群，集中了全省约90%以上的冶金、石化企业、60%的电力企业。长江黄金水道是江苏经济快速发展的有力支撑。

（二）江苏沿江国际海港群初步形成

2008年江苏沿江港口货物吞吐量、外贸吞吐量、集装箱吞吐量分别为7.06亿吨、1.08亿吨、547万标准箱，比2006年增长31%、13%和84%，海轮货物吞吐量超过50%，并实现了南京、苏州、南通三个亿吨大港，沿江港口海运化步伐明显加快，作为上海国际

航运中心北翼的江苏沿江国际海港群已经初具规模，在经济社会发展中担负着越来越重要地位。

（三）服务长江中上游地区的能力日益增强

我省沿江港口35%的货物吞吐量为长江中上游物资中转服务，长江中上游地区70%的外贸铁矿石及30%左右集装箱吞吐量通过我省港口转运，沿江港口已经成为中上游地区江海货物中转和外贸运输的重要门户。随着我省港口基础设施的不断完善，海运直达、江海转运和长江中上游中转联运三大运输系统的初步形成，长江沿线公、铁、内河、管道、航空综合运输体系的不断完善，江苏沿江港口为长江中上游地区的服务功能和服务能力进一步增强。

（四）沿江地区生态环境建设取得新进展

在沿江开发中，我们始终坚持在保护中开发，在开发中保护，坚决杜绝一些低水平、重污染的建设项目进入沿江，加大对工业污染的治理，两年来共关闭高能耗、高污染小化工企业2713家，环境质量得到进一步改善提高。城市及各类开发区污水集中处理率达到75%以上，沿江电力企业全部实施脱硫减排工程，江苏沿江提前两年实现减排目标，城镇大气环境质量优于国家二级标准，城镇绿化覆盖率达到40%以上。

二、合力推进黄金水道建设的主要措施

第一次长江水运发展协调领导小组会议之后的三年间，我省认真抓好《“十一五”期长江黄金水道建设总体推进方案》的落实，重点做好了以下几项工作。

（一）加强领导，建立全省加快水运发展领导协调机制

2007年，全省建立了加快水运发展联席会议制度，分管副省长任联席会议主任，省各有关部门和沿江各市政府参加，形成了全省合力推进水运加快发展的领导机制，长江黄金水道建设被列为沿江各级政府的重要职责。2007年8月，省政府颁布了《关于加快水运发展的意见》，提出了我省水运发展的主要目标任务，出台了加快水运发展的扶持政策，明确从2007年起，在省财政预算中建立航道建设专项资金，每年不少于5亿元。沿江各市也先后出台了加快水运和加快港口发展的政策，为水运发展创造了良好环境。2008年6月《江苏省港口条例》正式颁布实施，省、市、县三级港口管理体系也初步建立，为加快黄金水道建设提供了法律保障。

（二）规划引领，不断提升黄金水道建设的层次和水平

根据沿江经济发展要求、产业特点和资源环境容量，为充分发挥长江黄金水道优势，我省深入开展沿江地区发展战略研究，全面完成了沿江新一轮产业规划和港口规划，着力提升沿江现代化发展水平。相继完成了沿江沿海港口布局规划、沿江产业空间布局规

划，保障了黄金水道和沿江经济的协调发展。完成了液体化工油品和集装箱发展专项规划，为我省沿江港口集装箱运输加快发展和化工码头规范有序建设提供指导。沿江各市政府也已基本完成了新一轮港口总体规划及相关专项规划，有力支撑了沿江地区经济的快速发展。同时，加强规划的实施管理，按照规划布局推进产业和港口建设，严格控制岸线及前方水域、后方陆域土地空间，切实维护规划的严肃性和权威性。

（三）加大投入，加快港口航道等基础设施建设

两年来，江苏沿江港口建设共投资150亿多元，省财政和省交通厅安排近10亿元资金支持沿江港口集疏运通道、航道、锚地等公共基础设施的建设，重点建设苏州港太仓港区10万吨级远洋集装箱码头泊位，南京、镇江、南通5万吨级集装箱泊位，南通狼山、苏州太仓15－20万吨级铁矿石码头，镇江、南京5～10万吨级专业化散货泊位等大型专业化码头工程。加快完善集装箱运输系统、外贸大宗散货海进江中转运输系统，初步建成长江港口海运直达、江海转运和长江中上游、内陆地区中转联运三大运输系统平台。近3年江苏沿江港口共新增万吨级以上泊位88个，其中，新增5万吨级以上泊位43个；万吨级以上泊位数已达到275个，其中，5万吨级以上泊位68个；总能力达到6.47亿吨，有力保障了沿江现代物流服务的加快发展。

（四）形成合力，加快长江江苏段12.5米深水航道前期工作

长江江苏段12.5米深水航道整治工程是《“十一五”期长江黄金水道建设总体推进方案》重要内容，我省高度重视，成立了推进协调小组，研究解决前期工作推进中的重大问题，配合交通运输部加快工程前期工作。目前，我省已配合交通运输部长江航道局完成了《长江南京至浏河口段12.5米深水航道整治工程防洪影响评价报告》、《长江南京至浏河口段12.5米深水航道整治工程环境影响评价报告》及《长江南京至浏河口段12.5米深水航道整治工程经济效益评价报告》的编制，省水利部门已组织编制完成《配合12.5米深水航道上延工程河势控制整体方案》，为深水航道工程的决策和实施提供了有力保障。

（五）干支联动，加大内河航道网建设力度

内河航道是通江达海的纽带。加快内河航道建设，有利于构建以长江为主体的长江水系航道网，充分发挥长江黄金水道的功能和作用。在交通运输部和国家有关部门的大力支持下，我省大力推进通江达海、干支联动、联网畅通工程，内河航道建设实现了由突破瓶颈向平稳较快增长。“十一五”前三年，全省累计完成投资84.8亿元。全省共建成四级以上干线航道156公里，船闸4座。

三、全面加快长江黄金水道建设步伐

长江是我国第一大河流，长江经济带连接东中西三大区域，加快长江黄金水道建设，

对于西部大开发、中部崛起和东部地区率先发展三大战略的实施具有重要的支撑作用。江苏地处长江下游地区，长江流经江苏425公里，长江江苏段是长江黄金水道的重要组成部分，在促进整个流域经济社会发展的地位和作用十分突出。长江江苏段货运量占整个长江干线货运量的77%，港口货物吞吐量占70%以上，万吨级以上泊位数占80%。江苏有责任也有很高的积极性配合国家有关部委把长江江苏段建设得更好，为促进长江流域整体良性互动发展发挥更大的作用。

当前，国际金融危机对实体经济的冲击还在加深，不确定因素仍然很多，最近在世界范围内发生的甲型H1N1流感疫情给经济复苏增添了新的变数，交通建设和发展也面临着新的形势、新的环境和新的要求。在这种情况下，交通运输部长江水运发展协调领导小组第二次会议，充分体现了国务院、交通运输部和国家有关部委高瞻远瞩、统揽全局的战略眼光和气魄，必将对长江黄金水道建设和沿江经济平稳较快发展起到十分重要的促进作用。

我们将按照胡锦涛总书记、温家宝总理、李克强副总理等关于加快长江黄金水道建设发展的重要批示精神，认真贯彻这次会议的要求和即将签署的《关于合力推进长江黄金水道建设的若干意见》，进一步加快长江江苏段的建设和发展，加快产业结构调整，促进流域经济的全面协调发展。

（一）加快长江12.5米深水航道延伸至南京工程的前期工作

实施长江12.5m深水航道上延至南京工程，可以大大节约运输成本。据专家初步测算，整治工程完成后，每年可直接为江苏省及长江中上游地区钢铁、电力、机械制造等企业节约物流成本约30亿元以上。加快长江12.5m深水航道延伸至南京工程建设，不仅可以大幅提升作为上海国际航运中心北翼的江苏沿江港口的吞吐能力，而且对有效拉动内需，促进运输结构调整，发挥长江口深水航道整治效益，加快上海国际航运中心建设，促进整个长江流域开放开发都具有十分重要的战略意义。江苏将全力以赴主动配合国家有关部门做好项目的前期工作，力争尽早立项，尽早开工建设。

（二）统筹协调沿江港口建设

加快港口体系建设，着力发展公用码头，加快大型专业化码头建设。重点加强苏州太仓港区集装箱远洋干线运输体系建设，发展南京、镇江、南通集装箱支线港运输，到2010年新增1000万标准箱通过能力。建设南通、苏州太仓、镇江及南京大型矿石接卸专用码头，新增3500万吨铁矿石接卸能力。结合我国西北地区产业布局和鲁宁管线、甬沪宁及沿江输油管布局，完善海进江原油运输体系。充分发挥南京港、徐州煤炭码头铁水中转功能，扩建5万吨以上煤炭码头，提升煤炭接卸功能。争取到2010年，江苏沿江港口万吨级以上生产性泊位达到315个，货物通过能力达到7.9亿吨。

(三)加强内河干线航道及港口集疏运通道建设

“十一五”期间,我省将进一步加快以京杭运河为主体的内河干线航道建设,总投资约150亿元,整治内河航道650公里,新建船闸10座。将完成京杭运河苏北段二级航道整治,加快苏南段“四改三”改扩建工程。加快苏南干线航道网建设和芜申线、锡溧漕河、申张线航道等航道整治工程。加快港口集疏运通道建设,到2015年全省所有港口均可在30分钟内进入高速公路,南京、镇江、苏州、南通沿江四大国家重要港口实现高速公路通达主港区,其他沿江港口主港区与一级公路直接连接。进一步加快铁路网的建设,完善铁路疏港功能。在加快高速铁路、城际铁路建设的同时,加快原有铁路向货运专线调整步伐。积极推进沿海铁路、沪通铁路等铁路网建设,加强铁路与港口的运输衔接。

(四)加快推进船型标准化工作

推进内河船型标准化,是内河航运结构调整的重要内容,对提高航道和船闸等通航设施利用率,减少船舶污染,保障水上交通运输安全,降低内河船舶运输成本,具有重要意义。我省将加快推进内河船型标准化工作,到2010年,长江、京杭运河等干线航道船型标准化率力争达80%。同时,适应市场需求,加快内河和海运运力结构调整步伐,大力发展集装箱、滚装、成品油、液化气等专业化船舶运输。

(五)加强沿江地区生态环境建设

坚持在发展中保护,在保护中发展,实现长江黄金水道持续发展、永续利用。优化沿江地区产业布局,优先发展清洁生产和循环经济项目,提高污染物排放控制标准,提高产业环保准入门槛,禁止新上污染环境的项目。强化工业点源污染治理,加强城镇污水处理和城乡垃圾处理,积极开展农业面源污染治理,建设完善环境污染监测预警体系。加强长江及入江支流综合整治,严格做好南水北调水源保护。到2010年,沿江地区县级以上城镇生活污水处理率达到80%以上,努力把江苏沿江地区真正建成经济繁荣、社会文明、发展和谐、生态良好的地区。

合力推进长江黄金水道建设,是长江流域各省市的共同需要和责任,我们将在党中央、国务院的正确领导下,在交通运输部和国家有关部委的大力支持下,加强与沿江兄弟省市的通力协作,切实落实《关于合力推进长江黄金水道建设的若干意见》,为长江流域经济社会发展作出积极贡献!

谢谢大家!

关于合力推进长江黄金水道建设的若干意见

改革开放以来，特别是进入“十一五”后，在党中央、国务院的关心和重视下，在相关部门的大力支持下，交通运输部与沿江各省市人民政府进一步加大力度，合力加快推进长江黄金水道建设，长江水运服务沿江经济社会发展的能力有了新的提高。

当前国际国内经济环境发生重大变化，我国经济发展面临着严峻挑战。扩大内需，保持经济平稳较快发展，是当前我国经济发展的首要任务。国家加大农业、能源、交通、城镇等基础设施和民生等领域重大项目的建设，对交通运输行业提出了新的要求。长江黄金水道是流域综合运输体系的重要组成部分，是我国经济发展的重要战略资源，在流域经济社会发展中具有重要的战略地位。为深入贯彻落实科学发展观，按照建设资源节约型、环境友好型社会的总体要求，充分发挥长江黄金水道的作用，合力推进黄金水道建设，促进沿江经济社会科学发展，现提出如下意见：

一、依托长江黄金水道，完善沿江产业布局，不断提升长江黄金水道服务经济社会发展的能力和水平

（一）完善沿江产业布局

充分依托长江黄金水道，利用水运运能大、成本低、安全、环保、节能等优势，不断完善沿江产业规划。统筹考虑资源、环境与经济社会发展，积极引导冶金、电力、石化、钢铁、汽车、造船等适宜临水布点的产业向沿江合理布局、集聚发展，推动形成若干有影响力的、向周边腹地辐射能力强的产业群。注重长江水运规划和产业布局有效结合，把黄金水道发展纳入地方经济社会发展规划中，增强水运对经济发展的推动和促进作用。

（二）加快航道建设

部省市携手，加强长江干线航道建设前期研究，加快前期工作进度。结合沿江产业发展需求，合力加快推进长江口深水航道上延至南京的前期工作，条件具备时实施上延工程；提高中游航道通过能力；继续改善上游航道通航条件，加快上游1000吨级航道延伸至水富工程进度。加快支流航道重点工程建设。加强干线及重要支流的航道管理和维护，保证航道维护经费投入，保障航道畅通。充分发挥长江黄金水道在综合运输体系中的重要作用，促进水运与其他运输方式有效衔接和协调发展。

（三）加强港口建设

加快主要港口建设，特别是集装箱等专业化码头建设，完善港口集疏运网络，加强老

港区技术改造，实现港口结构升级，促进港航协调发展，提升港口服务能力和水平。沿江港口发展要统筹协调，结合腹地经济产业布局特点，与沿江城市发展紧密结合，做到港城相依、港城互动。积极研究制定扶持港口物流业发展的政策措施，着力培育物流市场，加快长江物流通道建设，引导产业向港口物流园区集聚发展。加快长江物流公共信息平台建设，整合长江物流资源，提高长江物流组织化程度，降低物流成本。

（四）加强乡镇渡口安全建设

结合沿江新农村建设，大力改善乡镇渡口基础设施条件，加快有条件的渡口“渡改桥”建设，为沿岸农民安全出行提供良好服务。

（五）提高支持保障能力

加强水上安全监管能力建设，完善应急指挥系统、水上搜救组织协调指挥系统、溢油应急系统及水上治安防控体系。推进长江干线水上巡航与救助一体化建设，提高船舶防污和治安反恐预控能力。继续完善长江水运通信网络，整合长江航运信息资源，推动构建长江航运公共信息平台，加快长江航运综合信息服务系统建设。

（六）推进长江干线船型标准化

推进船型标准化有利于节能减排、提高航道特别是三峡船闸的通过能力和航运效率，应采取政府引导、企业为主的方式，通过资金补贴、技术标准等政策措施，加快现有非标准船型和老旧落后船舶的更新改造和淘汰，加快渡船标准化，促进长江干线船型标准化水平的提高。

（七）健全协调机制

各省市根据实际情况，建立和健全地方水运发展协调机制，及时解决水运发展中的突出问题，加强各地交通运输主管部门与当地发展改革、财政、国土资源、环境保护、水利、农业等有关涉水部门沟通协调。鼓励引导企业之间开展合作与交流，做好省际间航道建设的衔接，避免出现新的碍航设施，促进内河水运资源的合理开发、综合利用。

二、加强水运资源保护，加大政策支持力度，为长江黄金水道建设营造良好环境

（八）加快水运立法进程

交通运输部积极配合国务院法制工作机构，抓紧开展《水路运输管理条例》的修订工作，加快《航道法》的立法进程。沿江省市立足于本地区发展航运经济的需要，建立和完善本省市水运建设与发展的地方性法规和规章，为水运发展提供法律保障。

（九）加强水运资源保护

航道、港口岸线是不可再生的重要资源，应切实加强保护，科学合理开发利用。沿江省市根据各地经济社会和水运发展实际，探索岸线等资源的有偿使用机制，有偿使用的

收益专项用于港航基础设施建设和维护。加强对影响通航和安全的采砂活动的管理，加强航道及通航设施等保护，确保航运安全。严格执行国家有关标准，切实加强跨、拦、临河建筑物的通航论证工作，实施全过程的监管，确保为航运发展留有空间。

（十）加大政策支持力度

地方各级政府应采取优惠政策，将航道、港口及港口物流园区建设用地纳入土地利用总体规划，优先保证建设用地，合理确定征地补偿标准；根据实际情况，研究出台航道、港口建设有关税费返还用于港航设施建设的优惠政策。加快土地、环保、防洪等审批，加快工程征地、拆迁进度，规范工程建设监管行为，营造良好的工程建设环境，确保水运工程建设进度和质量安全。

三、加大资金投入，拓宽融资渠道，合力推进长江黄金水道建设

（十一）加大建设资金投入

国家将继续加大对长江干线的投资力度，支持主要支流水运基础设施建设。沿江省市政府在稳定现有资金渠道和资金规模基础上，进一步加大资金筹措力度，应积极争取国债资金、安排燃油消费税返还资金等，用于水运基础设施建设、船舶运力结构调整和支持保障系统完善。

（十二）拓宽融资渠道

加强政府、企业等之间的协作，创造条件，积极吸引社会资本、境外资本等投资水运基础设施建设，积极加强与各金融机构的合作，多渠道筹集水运建设资金，搭建水运融资平台。通航河流及规划通航河流上建设枢纽时，通航设施要满足航运规划标准。交通运输部门投资航运枢纽要以航为主，政府投入所形成的资产纳入交通运输部门统一管理，枢纽收益全部用于内河航运建设，实现滚动发展。

要高度重视，加强组织协调，及时研究解决建设中的重大问题，确保《“十一五”期长江黄金水道建设总体推进方案》目标任务的完成。结合新形势，加强黄金水道建设项目的前期工作，增加项目储备，及早规划好“十二五”期黄金水道建设项目计划和任务，促进长江黄金水道的全面协调可持续发展。

推进长江干线船型标准化实施方案

长江是我国第一、世界第三大河，干流流经七省二市，是我国唯一贯穿东、中、西部的水路交通大通道，对促进地区间物资流通和流域经济发展发挥了不可替代的作用。长江航运已成为流域综合运输体系的重要组成部分，以及沿江省市外向型经济发展的重要支撑。

多年来，国家投入巨资建设长江航运基础设施，建设港口、治理航道，取得了明显成效。然而，作为内河运输系统重要组成部分的船舶，存在平均吨位小、船型杂乱、部分船舶技术落后、安全性能差等问题，影响了长江航运的竞争力。特别是三峡工程蓄水后，川江的航行条件和通航环境都发生了较大的变化。为提高三峡船闸的通过能力，保障船舶航行安全、减少船舶对库区环境造成污染，迫切要求尽快实施船型标准化。

从 2003 年 6 月三峡船闸试通航以来，交通运输部积极推动三峡库区的船型标准化工作。一方面，禁止新建非标准船进入三峡库区航运市场，并逐步禁止了 200 总吨以下的船舶通过三峡船闸。另一方面，组织有关科研单位陆续研究开发并公布了 8 个系列共 42 种标准船型的技术方案，公布了《川江及三峡库区运输船舶标准船型主尺度系列》。2006 年，原交通部和沿江七省二市人民政府联合发布了《“十一五”期长江黄金水道建设总体推进方案》，明确提出“十一五”期间交通部和沿江有关省市将加快推进长江干线船型标准化工作。在广泛调研和征求意见的基础上，现提出推进长江干线船型标准化实施方案，具体如下：

一、指导思想

贯彻落实科学发展观，按照《全国内河船型标准化发展纲要》的总体部署和“立足现状、突出重点、政府引导、市场推动”的工作思路，以构建资源节约型、环境友好型交通为目标，以促进航运结构调整和船舶技术进步为主线，以提高三峡船闸通过能力和船舶安全、环保性能为重点，综合采取技术、经济、法律、行政等手段，稳步推进长江干线船型标准化工作，促进长江航运的可持续发展。

二、工作目标

利用五年左右时间，通过推进长江干线船型标准化，使川江及三峡库区船型标准化

率达到 75% 以上，三峡船闸的通过能力提高 10% 以上，长江干线货运船舶的平均吨位达到 1000 载重吨以上，船舶安全技术性能明显提高。

三、实施方案

（一）实施范围和实施期间

实施范围：长江干线运输船舶和长江主要支流干支直达运输船舶。

实施期间：2009 年 10 月 1 日 ~2013 年 12 月 31 日。

（二）针对长江不同区域的特点，采用不同的政策推进长江干线船型标准化工作

1. 对于川江及三峡库区，以提高三峡船闸的通过能力和库区船舶安全、环保性能为主要目标和切入点，严格禁止新建非标准船进入三峡库区，采用主尺度加技术方案的形式推广标准船型。对现有的非标准船，特别是安全、环保方面达不到新规范要求的船舶加快更新改造。禁止小吨位船舶通过三峡船闸，鼓励其提前退出航运市场。

（1）从 2013 年 1 月 1 日起，禁止 600 总吨以下商船通过三峡船闸。但 2003 年 10 月 1 日以后新建的符合《川江及三峡库区运输船舶标准船型主尺度系列》及标准船型强制性指标的船舶和重大件船、运输鲜活货的船舶除外。

（2）从 2013 年 1 月 1 日起，禁止生活污水排放达不到规范要求的客船（含载货汽车滚装船）以及单壳油船、单壳化学品船进入三峡库区航运市场。

2. 对于长江中下游非限制航段，采用引导的方式推广标准船型，依托骨干航运企业开发主流船型的技术方案，通过示范作用，引导市场船型逐步向标准化方向发展；研究提高中下游船舶的技术要求，通过技术手段促进船舶环保、安全性能的提升。

3. 在采取上述措施限制新建非标准船、推广标准船型的同时，积极采取有效措施，加快长江干线船舶运力结构调整，鼓励现有老旧船舶提前退出航运市场。

四、经济鼓励政策

为实现长江干线船型标准化的目标，财政部、交通运输部和地方人民政府筹集专项资金，制定经济鼓励政策，用于现有船舶的更新改造和淘汰。政府引导资金用于以下四个方面。

（一）鼓励过闸小吨位船舶提前退出航运市场的补贴

为实现 2013 年 1 月 1 日起全面禁止 600 总吨以下运输船舶通过三峡船闸的目标，鼓励现有小吨位船舶提前退出航运市场，自 2009 年 10 月 1 日至 2013 年 12 月 31 日，符合下列条件的船舶，船东可申请政府补助。

1. 船舶种类为运输船舶，重大件船、运输鲜活货的船舶除外；

2. 船舶总吨位在600总吨（含）以下；

3. 船龄在30年（含）以内；

4. 从2005年1月1日至本方案发布之日，至少有一次通过三峡船闸的过闸记录（以三峡通航管理局的数据为准）；

5. 船舶相关证书（所有权证书、国籍证书、船检证书和船舶营业运输证）齐全、有效；

6. 按照规定的程序，在有关省（市）交通运输主管部门认可的修造船厂将船舶拆解。

（二）鼓励长江干线老旧船舶提前退出市场的补贴

为加快长江干线船舶运力更新，鼓励现有老旧船舶提前退出航运市场，自2009年10月1日至2013年12月31日，符合下列条件的船舶，船东可申请政府补助。

1. 船舶种类为运输船舶；

2. 货运船舶船龄在15年以上30年（含）以内，客运船舶船龄在10年以上25年（含）以内；

3. 船舶经营范围为长江干线或长江主要支流干支直达（以船舶营业运输证核定为准）；

4. 船舶相关证书（所有权证书、国籍证书、船检证书和船舶营业运输证）齐全、有效；

5. 按照规定的程序，在有关省（市）交通运输主管部门认可的修造船厂将船舶拆解。

（三）三峡库区现有客船、液货危险品船改造或拆解的补贴

为加快三峡库区生活污水排放达不到新规范要求的客船（含载货汽车滚装船）加装生活污水处理装置改造以及单壳油船、单壳化学品船的改造和拆解，自2009年10月1日至2012年12月31日期间，符合下列条件的船舶，船东可申请政府补助。

1. 经营范围涵盖三峡库区（以船舶营业运输证核定为准）的客船（含载货汽车滚装船）、600总吨以上的单壳油船和单壳化学品船。

2. 船舶相关证书（所有权证书、国籍证书、船检证书和船舶营业运输证）齐全、有效。

3. 按照规定的程序和方式在有关省（市）交通运输主管部门认可的修造船厂将船舶改造或拆解。

（四）标准船型科研及推广经费

继续采用政府发起和市场发起两种方式开展标准船型研发。开展长江干线船型标准化的相关政策、技术研究和国际、国内交流，并对推进船型标准化的实施效果进行跟踪。

上述政府引导资金，除标准船型科研及推广经费外，由中央和地方按照各50%的比例承担。中央补贴资金由财政部、交通运输部落实，地方承担的补贴资金由省级人民政府负责落实。申请政府补贴的具体标准、程序和资金的管理办法等由财政部会同交通运输部另行制定。

五、保障措施

（一）加强组织领导

有关省（市）人民政府交通运输主管部门是本方案的实施主体，交通运输部及其长江航务管理局负责做好统筹协调工作。按照统一政策、全线联动的工作方针，交通运输部牵头成立领导协调机构，有关省（市）交通运输主管部门成立相应的领导机构和工作机构，负责本方案的实施，确保本方案各项措施和规定的贯彻落实。

（二）切实履行职责

各有关航运管理、海事管理、船闸管理和船舶检验部门，要依照各自的职责，制订和完善相关规定，保证本方案的实施，对禁止通过三峡船闸或进入三峡库区的船舶，不予签证放行，不予安排通过船闸，同时为标准船型和优选船型的选用提供便利。

（三）做好宣传发动工作

各地要结合本地实际，利用报纸、杂志、广播、电视、网络等媒体，采取座谈会、宣讲会、挂图等形式，切实做好长江干线船型标准化的宣传工作，使其得到广大船东的配合与支持。

各地可根据本地区的实际情况，在本方案明确的经济鼓励政策外，制定其他的经济政策加快长江干线船型标准化工作。

长江水运发展协调领导小组第二次会议代表、特邀代表、列席代表、工作人员、领导随行人员名单

会议代表名单

姓　名	单　位	职　务
李盛霖	交通运输部	部长
翁孟勇	交通运输部	副部长
徐祖远	交通运输部	副部长
沈　骏	上海市人民政府	副市长
曹卫星	江苏省人民政府	副省长
黄海嵩	安徽省人民政府	副省长
凌成兴	江西省人民政府	省委常委、常务副省长
韩永文	湖南省人民政府	副省长
段轮一	湖北省人民政府	副省长
凌月明	重庆市人民政府	副市长
王　宁	四川省人民政府	副省长
王俊强	云南省人民政府	副秘书长

特邀代表名单

姓　名	单　位	职　务
王瑞祥	全国政协提案委员会	副主任
徐宪平	国家发展改革委	副主任
王保安	财政部经建司	司长
刘　宁	水利部	副部长
黄　凌(女)	国务院三峡工程建设委员会办公室	司长
诸鑫强	中国进出口银行	副行长
胡希捷	中国国际工程咨询公司	总经理、党组书记

列席代表名单

姓　名	单　位	职　务
宋朝义	国家发展改革委基础产业司	巡视员
周小棋	国家发展改革委基础产业司	处长
马　敏	财政部经建司	处长
高敏凤(女)	水利部规划计划司	处长
金兴平	水利部长江水利委员会	副总工
张明光	水利部长江水利委员会规计局	副局长
李　莅(女)	中国进出口银行交通运输融资部	总经理
张　强	中国进出口银行南京分行	行长
李　明	中国进出口银行南京分行	副行长
佘湘耘	中国国际工程咨询公司交通业务部	副主任
林　强	中国国际工程咨询公司综合业务部	副主任
蒋　千(女)	交通运输部	总工程师
戴东昌	交通运输部	总规划师
刘功臣	交通运输部	安全总监
杨　咏	交通运输部办公厅	主任
柯林春	交通运输部政法司	副司长
孙国庆	交通运输部规划司	司长
杨省世	交通运输部财务司	司长
宋德星	交通运输部水运局	局长
张玉胜	交通运输部公安局	局长
陈爱平	交通运输部海事局	常务副局长

唐冠军	交通部长江航务管理局	局长
冯　俊	交通部长江口航道管理局	局长
徐　光	交通部部规划研究院	院长
费维军	交通部水运科学研究院	副院长
田晓平	中国船级社	副总裁
王明志	上海组合港办公室	主任
黄　融	上海市城乡建设和交通委员会	主任
任福明	上海市城乡建设和交通委员会交通发展处	处长
孙建平	上海市交通运输和港口管理局	局长
张大强	江苏省人民政府	副秘书长
游庆仲	江苏省交通运输厅	厅长
王昌保	江苏省交通运输厅	副厅长、港口局局长
黄晓武	安徽省人民政府	副秘书长
沈卫国	安徽省发展改革委	主任
陈先森	安徽省财政厅	厅长
梅　劲	安徽省交通运输厅	厅长
纪　冰	安徽省水利厅	厅长
陈一星	江西省发展改革委	副主任
马志武	江西省交通运输厅	厅长
许润龙	江西省交通运输厅	副厅长
彭　勇	湖北省人民政府	副秘书长
林志慧(女)	湖北省交通运输厅	厅长
洪　流(女)	湖北省财政厅	副厅长
刘明欣	湖南省人民政府	副秘书长
邹和平	湖南省交通运输厅	副厅长
陈健强	湖南省地方海事局	局长

姓名	单位	职务
滕宏伟	重庆市交通委员会	主任
何升平	重庆市交通委员会	副主任
梁雄耀	重庆市港航管理局	局长
钟成林	四川省人民政府办公厅秘书一处	处长
高　烽	四川省交通厅	厅长
贺晓春	四川省航务局	局长
温志雄	云南省人民政府办公厅	副处长
唐文祥	云南省交通运输厅	副厅长
邱　江	云南省航务管理局	局长
刘　扬	贵州省交通运输厅	副厅长
韩剑波	贵州省航务管理局	局长
郭剑彪	浙江省交通运输厅	厅长
王德宝	浙江省交通运输厅	副厅长
王　栋	山东省港航局	局长
栾德强	山东省港航局办公室	主任

工作人员名单

姓　名	单　位	职　务
裴万发	交通运输部办公厅	副主任
黄小平	交通运输部办公厅	处长
蒋丽萍(女)	交通运输部办公厅	副调研员
方建敏(女)	交通运输部政法司	调研员
任建华	交通运输部规划司	副司长
毛　健	交通运输部规划司	处长
许春风(女)	交通运输部财务司	副司长
肖大选	交通运输部水运局	副局长
曹德胜	交通运输部水运局	副局长
解曼莹(女)	交通运输部水运局	处长
姜明宝	交通运输部水运局	处长
叶红军	交通运输部水运局	处长
常　勤	交通运输部水运局	调研员
郭青松	交通运输部水运局	调研员
范永辉	交通运输部水运局	主任科员
章宇强	交通运输部水运局	
刘长俭	交通运输部水运局	
李光辉	交通运输部海事局	处长
王秀峰	长江航务管理局	副局长
罗　军	长江航务管理局办公室	副主任
李顺利	长江航务管理局办公室	副主任
刘富华	长江海事局	副局长

陈晓云(女)　长江航道局　副局长
俞国斌　长江三峡通航管理局　党委书记
王茹军　长航公安局　局长
王　伟　部规划研究院　工程师
年继业　上海市城乡建设和交通委员会办公室　主任
李晨曦　上海市城乡建设和交通委员会交通发展处　副处长
茅伯科　上海市交通运输和港口管理局　副处长
左健伟　江苏省政府办公厅秘书二处　调研员
朱培德　江苏省交通运输厅办公室　主任
王绍坤　江苏省交通运输厅综合计划处　副处长
司马华炜　江苏省港口局规划处　处长
胡　冰　安徽省交通运输厅　副厅长
蒋同富　安徽省港航局　局长
梁必康　江西省交通运输厅计划处　处长
于钦民　江西省航运管理局　局长
杨礼生　江西省航务管理局　副局长
胡小庄　湖北省交通运输厅计划处　处长
朱晓光　湖北省交通运输厅港航局　局长
鲁源陵　湖南省人民政府办公厅　处长
王　红　湖南省人民政府办公厅　副处长
刘国平　湖南省地方海事局办公室　主任
郝满炉　重庆市交委办公室　主任
杨大伦　重庆市港航管理局　副局长
廖劲松　重庆市交委港航建设管理处　处长
任洪涛　重庆市交委计划处　副处长
何爱萍　四川省人民政府办公厅秘书一处　调研员

胡洪波	四川省交通厅办公室	主任
胡　旭	四川省航务局	处长
陈　辉	云南省航务管理局	规划处处长兼总工
汤修华	浙江省港航局	副书记、副局长

领导随行人员名单

姓　名	单　位	职　务
孙克庄	全国政协提案委员会	王瑞祥同志秘书
楚　琪	国家发展改革委	秘书
程天成	交通运输部	翁孟勇同志秘书
李　伟	交通运输部	徐祖远同志秘书
刘　斌	水利部	刘宁同志秘书
杨川进	中国进出口银行	秘书
王　威	中国进出口银行	
陈晓鲸	中国进出口银行南京分行	副处长
余荣波	中国进出口银行南京分行	副处长
耿志忠	中国进出口银行湖北分行	
刘冠文	中国进出口银行湖北分行	
刘广安	上海市人民政府	沈骏同志秘书
赵明亮	江苏省人民政府	曹卫星同志秘书
陈　良	江西省人民政府	秘书
黎　炼	湖北省人民政府	段轮一同志秘书
刘亚亮	湖南省人民政府办公厅	秘书
张　君	重庆市人民政府	凌月明同志秘书
胡玉清	四川省人民政府	王宁同志秘书
丁明勇	云南省人民政府	秘书

长江水运发展协调领导小组
第二次会议有关图片

长江水运发展协调领导小组
第二次会议
2009年6月25日·合肥

长江水运发展协调领导小组
第二次会议
2009年6月25日·合肥

关于合力推进长江黄金水道建设的若干意见
推进长江干线船型标准化实施方案
签字仪式
财政部 交通运输部 上海市 江苏省 安徽省
江西省 湖北省 湖南
重庆市 四川省 云南省
湖南省
重庆市
云南省

财政部
四川省
湖北省

于合力推进长江黄金水道建设的若干意见
推进长江干线船型标准化实施方案
签字仪式

交通运输部部长李盛霖在长江水运发展协调领导小组
第二次会议上发言的多媒体演示稿

合力加快长江黄金水道建设
为保持沿江经济平稳较快发展做好服务

李盛霖

2009年6月25日

本次会议回顾总结了2006年11月南京会议以来长江黄金水道建设与发展情况

各省市领导和有关部门领导做了很好的发言

签字仪式

《关于合力推进长江黄金水道建设的若干意见》

《推进长江干线船型标准化实施意见》

会议时间短，效率高，收效好

凝聚了共识　　明确了重点　　落实了政策措施

中央领导多次作出重要批示

温家宝总理：

“长江航道建设要加强”

“充分发挥长江黄金水道的优势，带动两岸经济社会发展，应该列入议事议程”

李克强副总理：

“开发长江水运潜力，带动区域发展”

张德江副总理：

“应高度重视和大力发展我国的内河航运事业。”

我们一定要

认真贯彻落实
合力加强长江黄金水道建设
进一步开发长江水运潜力
更好地服务沿江经济社会平稳较快发展

三点意见：

凝聚共识　重点任务　政策措施

一、进一步凝聚加快长江黄金水道建设的共识

领导小组第一次会议以来
部省市　加强交流合作　加强重大问题沟通协调
研究出台了一系列重大的政策措施　做了大量卓有成效的工作

围绕学习贯彻中央领导同志重要批示

总结和分析了长江黄金水道发展的情况、面临的机遇和挑战
进一步增强了加快长江黄金水道建设、促进沿江经济平稳较快发展的共识

加快长江黄金水道建设——

（一）落实“保增长、扩内需、调结构”政策的客观要求

国家出台了进一步扩大内需、促进经济平稳较快发展的一揽子计划

4 万亿元投资
十大产业调整和振兴规划

长江和运河规划为我国十大物流通道之一

加快长江黄金水道建设
提高长江水运服务能力

大家一致认为

（二）贯彻落实科学发展观的必然选择

对内河水运认识提升

美国	近期明确把加快航道建设纳入经济振兴计划中
德国	投入大量资金用于新一轮内河航运发展

凝聚共识

内河航运作为一种可持续的交通运输方式，正越来越受到各国政府重视

交通运输　土地　能源　生态

必须坚持走可持续发展道路

- 科技含量高
- 经济效益好
- 资源消耗低
- 环境污染少

长江水运

大家进一步认识到

（三）推进区域协调发展的重大举措

长江经济带——经济加快发展的主轴、对外开放和外向型经济发展的重要地区

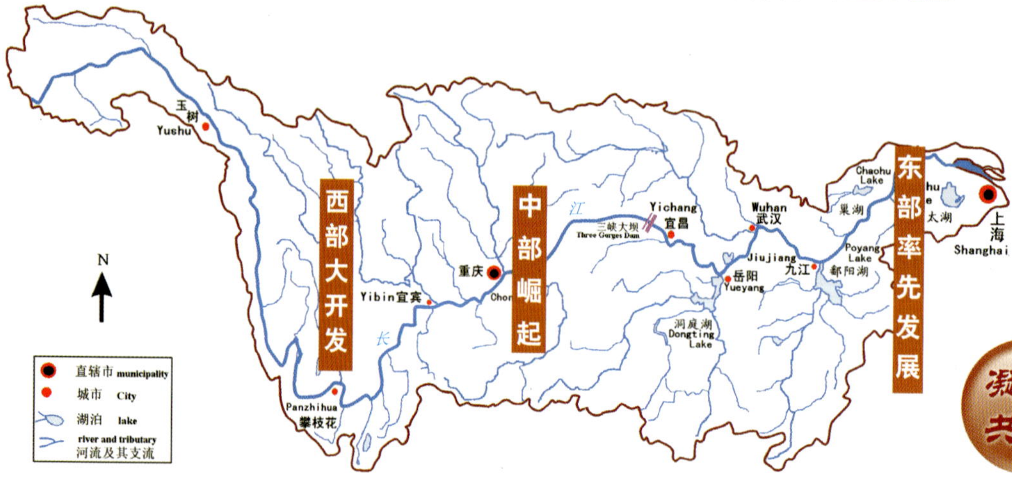

凝聚共识

统筹东、中、西部三大区域协调发展

要充分利用各地区之间的经济、产业和交通运输的内在联系

实现不同区域之间资源、技术、资金、人才、管理等要素的有效互动和优势互补

沿江省市都把加快长江水运发展作为区域发展战略的重要抓手、产业布局的依托

大家强调

加快黄金水道建设对于加快推进东部率先发展、中部崛起、西部大开发战略的实施等具有重要的战略意义。

（四）构建现代综合运输体系的重要内容

发展现代综合运输体系

新时期交通运输发展的重大战略和发展方向

实现经济社会全面协调可持续发展的重要支撑

长江水运是流域现代综合运输体系的重要组成部分

完成沿江地区近85%的煤炭和铁矿石运输任务

2007年沿江七省二市全社会水运货物周转量占七省二市全社会货物周转量的70%

2008年长江干线货运量达到12亿吨

是密西西比河运量的近2倍

是莱茵河运量的3倍

实现多种运输方式有机衔接
提高组合效率，降低综合运输和物流成本
不断拓展服务领域，提高服务水平
主动适应沿江经济社会的发展

大家一致认为

凝聚共识

发展过程中存在一些突出问题

干线部分航道尚未得到系统治理

中西部地区水运基础设施还比较薄弱

部分支流航道等级偏低

运力和运输组织结构不尽合理

黄金水道的优势还没有得到充分发挥

大家认为

加快长江黄金水道建设，优化沿江产业布局，促进流域经济社会发展

必须坚持以科学发展观为统领

立足当前，着眼长远

加快以长江干线为重点的航道建设

形成干支直达、江海联运高等级航道网

整合港口资源，实现集约化、规模化发展

优化运输组织结构

不断提高长江水运服务流域经济社会发展的能力和水平

二、进一步明确加快长江黄金水道建设的重点任务

今、明两年

完成《“十一五”期长江黄金水道建设总体推进方案》的关键时期

近期六个方面工作重点：

- 推进航道建设
- 推进物流发展
- 推进港口建设
- 加强安全管理
- 推进船型标准化
- 加大资金投入

加快长江干线航道建设步伐

重点任务

合力加强重要支流航道建设

积极促进干支联动发展

组织实施好长江口深水航道治理三期工程

加快黑沙州河段整治、拦江矶炸礁工程等建设进度；
抓紧马当、土桥水道、江乌河段工程等开工建设；
加快推进“三沙”治理、口岸直、安庆段等前期工作；

关于12.5米深水航道上延至南京

下游航道建设

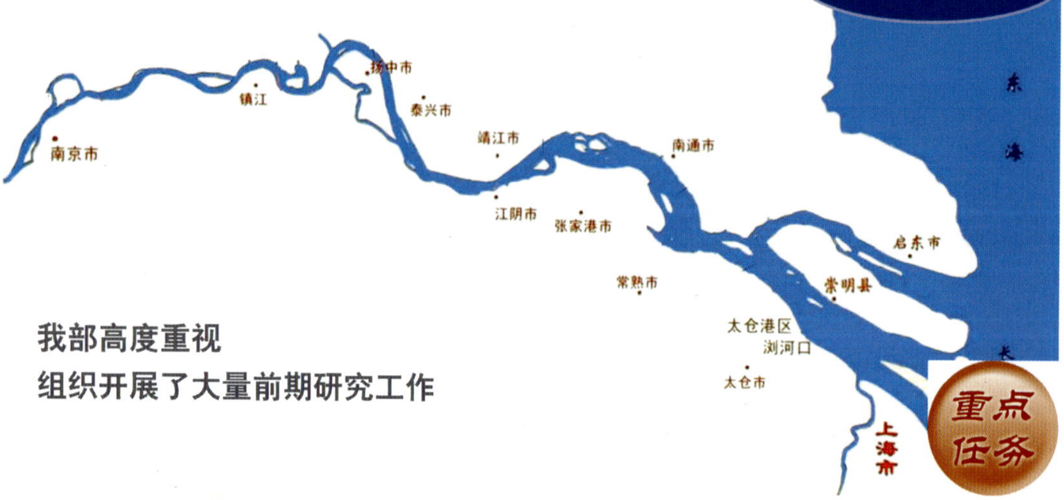

我部高度重视
组织开展了大量前期研究工作

重点任务

中游航道建设

荆江河段

航道治理难点　长江水运瓶颈

国家高度重视
有关省市十分关注

我部

一直非常重视中游航道治理和研究

“十一五”期，进一步加大了研究力度

实施了瓦口子、嘉鱼～燕窝、罗湖州、武穴等重点碍航浅滩控导工程，工程，效果初显

加快实施沙市、窑监等浅滩治理

尽快开工建设土桥、枝江－江口等航道治理工程

大埠街至城陵矶河段系统治理

加快藕池口、武桥、新洲～九江河段整治工程等前期工作研究

将进一步加强对三峡清水下泄对航道的影响研究

抓住有利时机，加快中游河段系统治理的步伐，逐步解决中游不畅的问题

三峡坝区

加快三峡船闸通航检测维修设施建设、三峡河段通航指挥中心等配套设施建设

加强三峡通航管理和船闸运行维护

继续推进三峡翻坝公路建设，用好管好建设资金，加强工程质量和安全管理

建议加快三峡升船机建设进程

重点任务

上游航道

加快宜宾到水富1000吨级航道建设工程前期工作、提高重庆到水富的航道规划标准

枢纽通航建筑物建设要着眼长远，充分考虑长江航运未来发展的需要

继续支持干支联动建设

合力推进

大芦线、苏申外港线、京杭运河扩能改造、芜申运河等长三角高等级航道网建设

赣江、汉江、引江济汉通航工程、湘江、嘉陵江、乌江、岷江、金沙江等支流航道

加快推进嘉陵江、湘江、赣江、汉江梯级建设

四川省、重庆市做好利泽枢纽建设的沟通协调

推进港口建设

加快推进上海国际航运中心建设

积极推进重庆长江上游航运中心建设

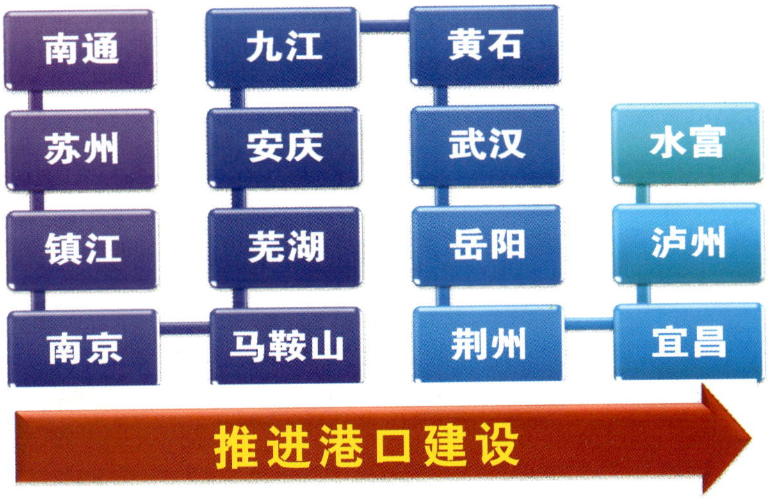

加快专业化、规模化码头建设

完善港口集疏运网络

加强老港区技术改造

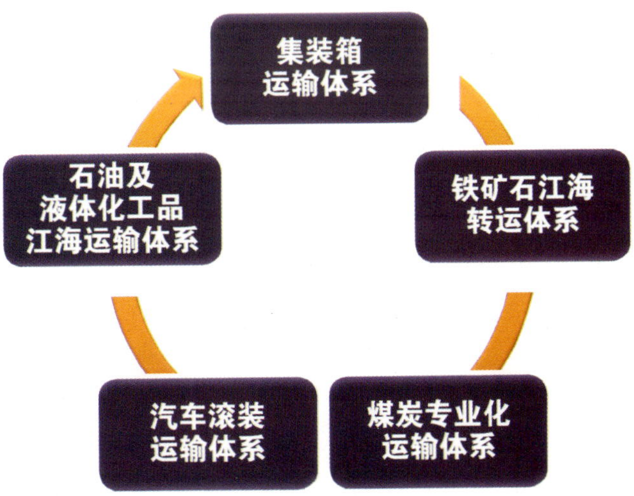

重点任务

加快中上游港口建设

适当支持“两个倾斜”

- 历史欠账较多
- 港口设施落后
- 自我发展能力较弱
- 社会融资困难

推进船型标准化

推进船型标准化

促进节能减排，减少环境污染

落实船舶工业调整和振兴规划

长江黄金水道建设的重要工作

川江及三峡库区

“关后门、开前门、调存量”

禁止新建非标准船进入三峡库区

禁止小吨位船舶通过三峡船闸

按照“政府主导、企业参与”方式加快标准船型研发

长江中下游非限制航段

采用引导方式推广标准船型

依托骨干航运企业，开发主流船型技术方案，通过示范引导市场船型

通过技术手段，研究提高中下游船舶的技术规范

船型标准化资金

财政部会同我部安排了10亿元船型标准化引导资金

各省市政府按照1：1比例安排引导资金

今年中央将安排1.5亿元启动这项工作

鼓励过闸小吨位船舶提前退出市场补贴

鼓励长江干线老旧船舶提前退出市场补贴

库区现有客船、液货危险品船改造或拆解补贴

2012年底船型标准化达到目标

- 船型标准化率达到75%以上
- 三峡船闸通过能力提高10%以上
- 库区船舶生活污水100%达标排放

推进物流发展

依托长江物流大通道的优势

加快规划：
- 长江沿线物流节点
- 港口物流园区
- 港口保税区

加强基础设施和运输装备建设

港口 ⟷（衔接、协调）物流基础设施建设

加强与海关、检验检疫等口岸部门的沟通协调

提高口岸综合服务效率

推动传统港航企业升级改造

横向拓展、上下延伸服务链

单一运输承运人 → 物流经营人

大力推进和支持长江干线内河集装箱运输，发展集装箱运输市场

以需求为导向

以整合现有信息资源为基础

以统一数据交换和传输标准为关键

重点任务

加强长江航运信息的共建共享和业务应用系统互联互通
加快建立长江航运综合服务信息系统
逐步实现长江航运信息共享

研究制定：扶持港口物流业发展的政策措施

着力培育：物流市场

以长江为纽带促进港口物流园区发展，加快长江物流通道建设
依托长江黄金水道优势进行产业结构调整
促进港口物流园区发展

今后一段时期
长江黄金水道发展的重要时期
不断完善安全监管模式
落实安全责任制
加大安全隐患排查力度
进一步强化安全监督管理
研究水路交通安全发展规律和安全监管规律
突出重点，狠抓安全薄弱环节治理
全方位提升安全发展水平
加强长江水上治安防控能力建设和消防工作
强化建设工程质量安全管理
逐步建立信用体系
狠抓各项制度落实，促进工程建设质量和管理水平的全面提高
进一步加强三峡库区航运安全监管

加强安全管理

切实加强安全管理工作

坚持以人为本的理念

专项整治、综合治理

建立长效安全管理机制

结合

重点加强

监督管理：
- 客　船
- 客 渡 船
- 川江载货汽车滚装船
- 危险品船

杜绝危险品运输泄露事故
加强库区地质灾害航运安全应急处理
确保库区航运安全

建立快速高效的应急反应体系
完善应急预案、应急保障、应急管理机制，规范应急响应程序
提高事故预防预控、应急救助和应对突发公共事件的能力
加大应急管理设施设备的投入力度
提高装备快速反应和应急保障能力

加大资金投入

充分利用好现有融资渠道，建立多渠道、宽领域、全方位的融资机制

积极筹集地方建设资金

增加地方财政资金投入

鼓励通过与企业、银行等部门合作积极吸引银行贷款、社会资本、境外资本等投资水运基础设施建设
支持开发船舶融资、航运保险等高端产品
共同探索为长江航运业和航运制造业提供融资服务新途径
为内河水运可持续发展提供稳定资金保障
内河水运基础设施建设资金不足
是制约内河水运发展的重要因素

国务院高度重视相关部门大力支持

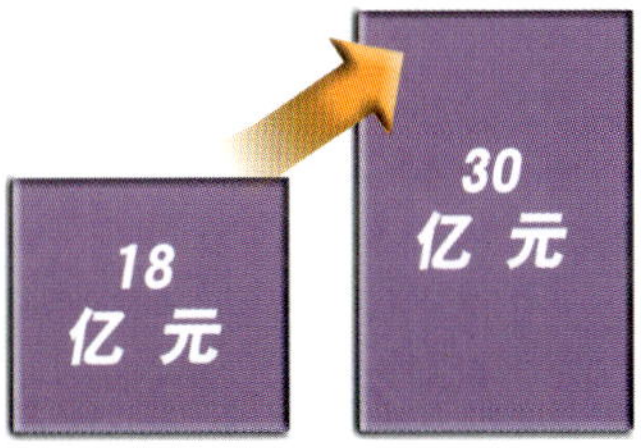

我部积极研究，提出相应政策意见
通过调整投资结构，加大了内河水运建设专项资金投入
今年，国家发展改革委、财政部专门增加10 亿元预算内资金
重点用于长江干线中下游航道工程建设，相关项目明后两年全部建成

建议各省市
在稳定现有资金渠道和资金规模基础上不断增加水运建设资金投入

力争“十二五”期黄金水道建设投入较“十一五”期有较大增长

三、继续加快黄金水道建设的政策措施建议

加强协调领导，抓好工作落实

加快长江黄金水道建设是一项系统工程，涉及面广、协调量大，需要加强组织领导
我部把加快长江黄金水道建设作为深入学习实践科学发展观重要内容
将进一步加强与七省二市和有关部门的沟通协调

政策措施

部内各司局和部属有关单位要密切配合

积极推进、做好落实

《关于合力推进长江黄金水道建设的若干意见》

《推进长江干线船型标准化实施意见》

各省市把加快长江黄金水道发展摆在更加突出的位置

分解任务 → 统筹协调 → 明确责任 → 精心组织 → 狠抓落实

加强前期工作，加大项目储备

我部会同国家发改委、财政部、水利部编制了《长江干线航道总体规划纲要》

继续做好长江流域综合利用规划中的航运规划修编工作，做好监督实施

研究综合运输体系时，将充分考虑长江流域的综合运输问题

建议各省市

进一步完善省市港口布局规划、航道建设规划等，加强相关规划之间的衔接

- 加大　前期工作经费投入
- 加快　项目前期工作进度
- 提高　前期工作质量
- 加大　项目储备
- 启动　“十二五”规划编制工作

加强政策扶持，营造良好环境

我部将积极争取国家有关部门支持，继续加大对长江干线的投资力度，支持主要支流水运建设，积极推进运力结构调整

建议各省市进一步加大资金筹措力度，积极争取国债资金、安排成品油消费税返还资金等

对于航道、港口及港口物流园区建设用地给予政策优惠，优先保证建设用地

合理确定征地补偿标准

加快土地、环保、防洪等审批，加快工程征地、拆迁进度，规范工程建设监管行为

要进一步加强长江水运宣传工作，希望社会各界和新闻媒体继续给予关心和支持，为长江黄金水道发展创造良好的舆论环境

加强法制工作，保护水运资源

我部正积极配合国务院有关部门

抓紧开展《国内水路运输条例》修订工作

加快推进《航道法》立法进程

建议各省市

加快促进港口、航道、航运等发展的地方性法规和政府规章修订工作

加强不同层次法律法规间的衔接、配套和有效互补

加强对影响通航和安全的采砂活动管理，加强设施保护，确保航运安全

切实加强跨、拦、临河建筑物通航论证工作，确保水运发展空间

完善协调机制，加大合作力度

长江黄金水道协调机制取得显著成效

- 研究出台促进水运发展政策措施
- 协调解决建设发展中重大问题
- 加快水运设施建设
- 促进区域合作与协调发展等

要继续发挥好协调机制的作用

加强合作　抓住机遇　加快发展

建议各省市

进一步加强水运发展研究，建立完善省际间和本地区水运发展协调机制和工作机制

发挥各方面优势，集中力量解决重点难点问题

同志们，长江黄金水道建设是一项关系全局的长期而艰巨的战略任务，需要中央有关部门和地方的共同努力。我们要在以胡锦涛同志为总书记的党中央领导下，深入贯彻落实科学发展观，抓住机遇，加快发展，合力推进长江黄金水道建设，为沿江经济平稳较快发展做好服务。相信通过我们的共同努力，一定能够推动长江黄金水道建设与发展再上新台阶！

谢谢大家！

交通运输部副部长徐祖远在长江水运发展协调领导小组
第二次会议上发言的多媒体演示稿

长江水运发展协调领导小组第一次会议以来的工作总结

徐祖远

2009年6月25日

会议主要任务

深入贯彻落实科学发展观

回顾两年多来的主要工作

研究解决发展中的突出问题

出台《若干意见》《实施方案》

党中央、国务院一直高度重视长江黄金水道的建设与发展

党中央、国务院明确提出把推进黄金水道建设与发展作为我国经济社会发展的重要举措。

每年“两会”期间大量的人大建议和政协提案为黄金水道发展建言献策，国务院有关部门积极支持，社会各界十分关注。

部省市充分发挥协调机制作用，加强组织领导，继续凝聚合力，加大投入力度。

库区船舶平均能耗

2002年
7.6千克/千吨·公里

2008年
3.1千克/千吨·公里

单位马力拖带能力

成库前1.5吨

目前4～5吨

主要成效：货物运量大幅增加

	干线航道货运量（亿吨）	规模以上港口吞吐量（亿吨）		
		总货物	外贸	集装箱（万TEU）
2008年	12	10.15	1.18	696
2006年来年均递增	10.1%	14.1%	12%	35.3%

主要成效：服务能力明显增强

主要成效：促进了产业向沿江集聚

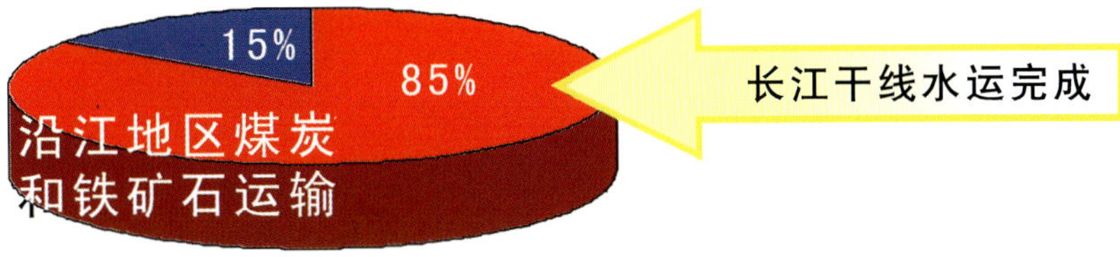

	500强企业	钢铁产量	化工品产量	汽车产量
长江沿岸占全国比例	40%	33%	46%	40%

主要成效：促进了外向型经济发展

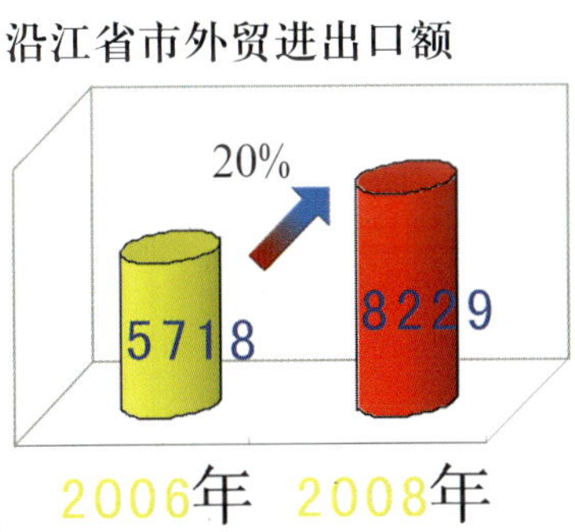

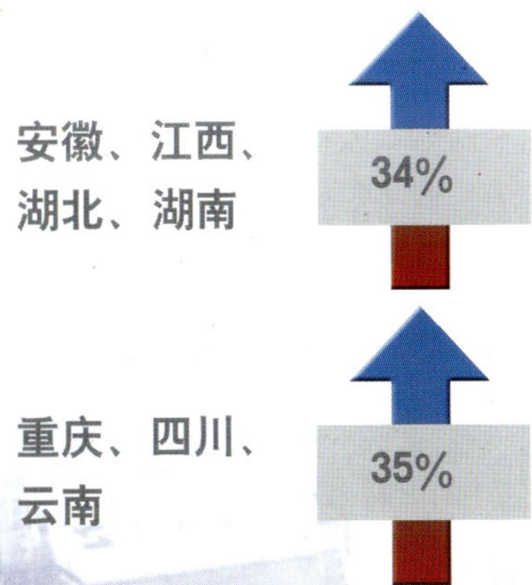

主要成效：促进了经济社会协调和可持续发展

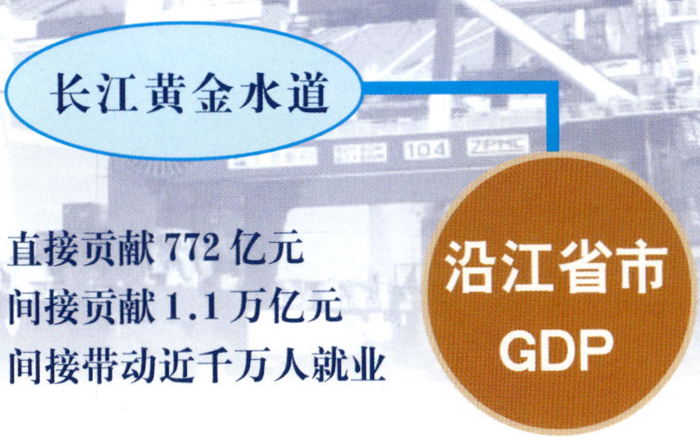

直接贡献772亿元

间接贡献1.1万亿元

间接带动近千万人就业

主要经验做法：领导重视，社会支持，凝聚建设黄金水道的强大合力

2007年，长江流域13个省市政府参事对黄金水道进行了近一年的调研，并向国务院领导提交专题报告。

2008年，全国政协组织部分政协委员和国家有关部门联合赴苏浙沪皖调研水运发展，提出很多很好的建议。

沿江省市领导加强调研、加强指导

沿江各省市注重建立和完善内部协调机制

主要经验做法：完善规划，良性互动，推动协调发展

完善规划，将水运优势和经济发展相结合

各省市十分重视加强区域合作

主要经验做法：统筹兼顾，突出重点，加快水运重点项目建设

高等级航道建设力度加大

航电枢纽建设进展顺利

主要港口建设步伐加快

三峡船闸完建期

通航保障有力

主要经验做法：政府支持，市场引导，提升水运生产力水平

主要经验做法：加强立法，出台政策，为水运发展创造良好政策法制环境

制定一些港口、航道和运输管理等方面的法规

加大土地、税收、资金等方面的政策支持力度

我部一直把长江黄金水道建设作为全国内河水运发展重点

部领导多次深入黄金水道建设第一线调研考察

加强规划

规 划	立 法
全国内河航道与港口布局规划	港口规划管理办法
长江干线航道总体规划纲要	航道建设管理规定

加大投资

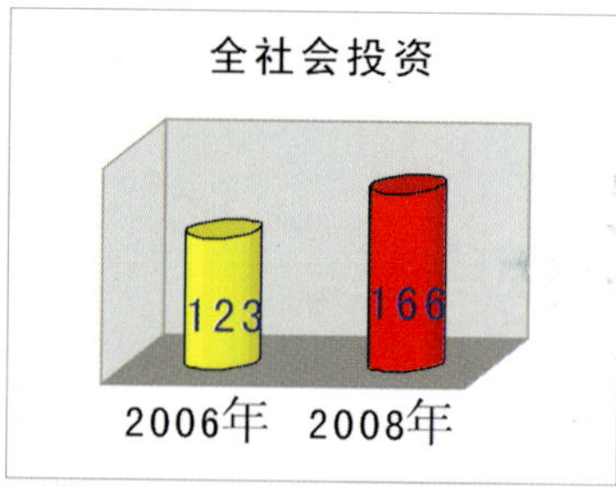

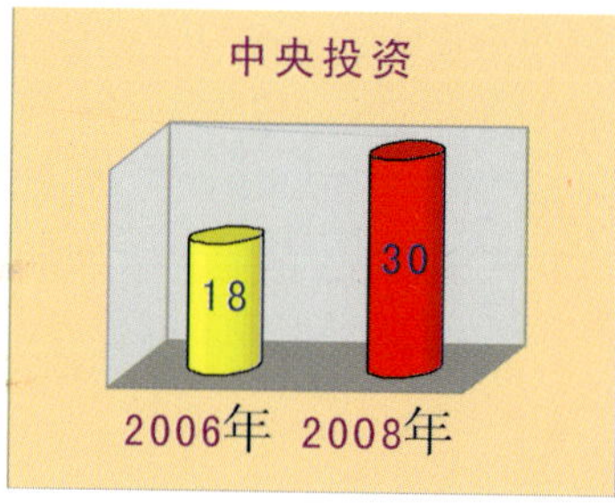

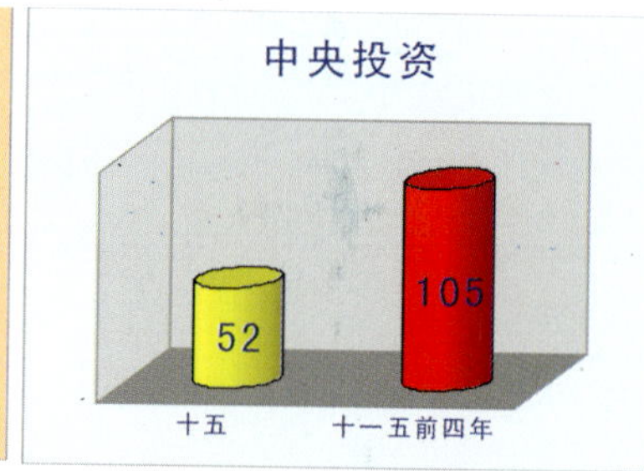

推进航道建设

强化安全管理

提高依法行政

建设项目管理绩效考核工作　　内河水运建设示范工程活动

领导小组办公室：完成两个专题研究，加大监督检查工作，

印发专刊，精心筹备本次会议

谢谢大家！